JN431400

日本再生

일본재생

동일본대지진 이후의

● 편찬
NPO아시아 도시환경학회

● 감수
이토 시게루
오지마 토시오

● 역자
홍원화

해일로 남은 건물의 옥상에 쓰인, 구조를 요청하는 SOS의 문자

해일로 괴멸한 이와테 현(岩手県) 리쿠젠타카타 시(陸前高田市)

구조견과 함께 수색하는 미국의 구조대 이와테 현[岩手縣] 오후나토 시[大船渡市]에서

68시간 고립하고 있던 주택으로부터 구출한 아기에게 미소 짓는 자위대원

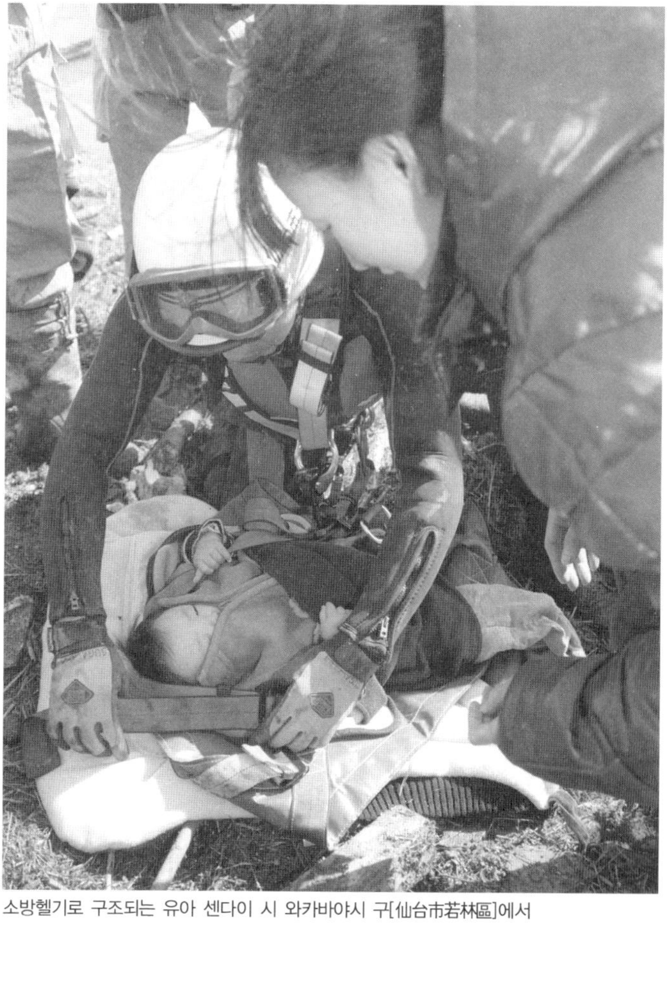

소방헬기로 구조되는 유아 센다이 시 와카바야시 구[仙台市若林區]에서

공민관에 피난한 주민 등
이와테 현 오후나토 시[大船渡市]
에서

후쿠시마 원자력 발전 3호기에 투하하기 위한 해수를 취수하는 자위대의 헬기

수몰하고 있는 선로 옆의 피난소로부터 나오는 이재민

동일본 대지진 이후의 日本再生

전언前言

(재) 세콤 과학기술진흥 재단은 세콤 주식회사의 이이다 마코토 이사 최고고문·창업자에 의해서 설립된 것으로 1979년도부터 국민생활의 안전 확보·재해 방지 등에 관한 과학기술의 발전을 위해 연구 개발에 힘쓰고 있습니다.

2011년 3월 11일, 전대미문의 자연재해(M9.0의 거대 지진과 큰 해일)와 있어서는 안 될 인재(후쿠시마 원자력발전소의 사고에 의한 레벨 7 피해)라 불리는 동일본 대지진에 직면하여, 당 재단은 NPO 아시아 도시환경학회로부터 지원 요청이 있었던 '동일본 대지진으로부터의 일본 재생'(중앙공론 신사)의 번역 출판을 하게 되었습니다.

이번의 대참사에 당면하여, 일본 지식인의 시선으로 본 안전·안심 문제에 관한 정보를 이웃나라에 정확하게 전달하는 것의 중요성에 대하여 생각하였습니다. 특히 한국에서 매우 관심이 많은 원자력 발전 사고나 대지진, 해일의 정확한 정보를 전달하고, 이 재해가 일본의 앞날에 주는 영향 등에 대해서도 한국의 여러분들에게 알릴 수 있었으면 하는 바람입니다.

재단법인 세콤 과학기술진흥 재단

이사장　츠네마츠 켄(常松 健)

Secom Science and Technology Foundation

들어가며

이토 시게루(와세다 대학 특명교수)

1000년에 한 번이라고 하는 거대 해일이 동북지방을 덮쳤다. 1000년에 한 번이라는 말은, 약 1100년 전에 조간 지진(869년)에 의한 거대 해일이 발생했던 예로부터 계산하였다. 그렇지만 지금부터 1000년이 지나야만 다시 큰 해일이 덮친다는 의미는 아니다.

확률론적으로 말하면, 50년 뒤에 다시 큰 해일이 오고, 그 후 1950년 동안 해일이 일어나지 않을 수도 있다. 따라서 '해일을 발생시키는 대지진은 솔직하게 말해 언제 일어날지 모른다'고 답하는 것이 맞을 것이다. 가령 1000년에 한 번 있는 거대 재해가 일어난 직후에 대부분의 사람들이 지금부터 1000년간은 아무것도 일어나지 않기 때문에 이전의 거리를 재건하여 거기에서 이전과 같은 생활을 하면 된다고는 생각하지 않기 때문이다.

피해가 크면 클수록 재해 직후의 이재민 그리고 이재민을 둘러싼 여론은, "언제 어떤 해일이나 지진이 와도 안전하게 방비하자"라는 생각을 가지게 된다.

그렇다면 이 언제라는 말은 구체적으로 어느 정도인 것일까. 여러 가지 논의는 접어두고 결론을 말하면, 현재의 긴장이 풀리지 않은 상태에서 이러한 거대 해일은 1000년 뒤가 아니라 100년 뒤, 50년 뒤라도 덮쳐 올 수 있다고 대부분의 사람들은 생각하고 있다.

일본에서는 20년에 한 번 정도는 어디선가 대재해가 일어나는 것이 상식이 되어 있다. 예를 들어 1995년에 한신 · 아와지 대지진이 일어났고, 그 후 16년이 경과한 후 이번 거대 지진이 발생했다.

일본인은 자신에게 와 닿을 만큼 가까운 대재해는 인생 80년을 기준으로 일생 동안에 1회 정도는 있을 것이라고 생각한다.

이러한 일본인의 재해감각에 근거하면, 재해가 100년에 한 번, 1000년에 한 번 일어나는 것과는 상관없이 약 50년 후에 덮칠 수 있는 재해에 대비한다는 것이 일본인의 본심일 것이다. 지금까지 일본정부의 방재대책은 30년에 한 번, 50년에 한 번 일어나는 정도의 지진이나 홍수 그리고 해일에 대해서는 “한 명의 생명도 잃게 하지 않는다”라는 입장이었다.

이것은 이러한 출현빈도가 높은 중규모의 재해는 그 방비를 위한 금액이 거액이 들지 않기 때문이다. 그 대책이라는 것은 제방이나 교량이라 할 수 있는 공작물과 건축물을 대상으로 하는 물리적인 것이다. 그러나 1000년에 한 번 있는 거대 재해라면 사람의 생명을 온전하게 지킬 수 있는 물리적인 대책이 완전할 수 없는 것이 분명하다

그러므로 거대 재해에 대해서는 또 다른 접근방법이 필요하다. ‘한 명의 생명이라도 지킨다’라는 것이 아니라, 지킬 수 있는 최대한 많은 사람의 생명을 구한다’라고 하는 것이 필요한 시점이다.

이러한 방재대책에서는 토목 구조물이나 건축물 성능의 강화라고 하는 하드웨어적인 측면뿐 아니라, 새로운 토지 이용이나 경계정보 시스템의 개선 혹은 철저한 피난교육, 사회적 약자의 예방적인 보호라고 하는 소프트웨어적 영역을 중요시한다.

희생자는 나올지도 모르지만, 가능한 한 그 수를 줄이면서 일상적 업무나 생활에 불편을 끼치지 않는 방재대책을 세우려 하는 것이다. 좀 더 명확하게 말하면, 거대 재해대책에서는 일반인은 원래의 일이 있는 위치에서 재해 리스크를 미리 숙지하며 생활하고, 일을 할 것을 요구받는 반면에 아이나 노인, 환자 등의 사회적 약자는 항상 안전한 장소에서의 생활을 보장받게 한다는 원칙을 세우고, 재해지의 미래를 생각해 보면 어떨까? 제방 등의 토목 구조물이나 건축물에 거액의 투자를 하여 1000년에 한 번 있는 거대 재해에 대비한다고 하는 생각이나, 위험한 장소에는 누구 하나 접근하지 못하게 한다는 생각은 개선하는 것이 좋다. 업무상 필요하지만 재해로 인해 위험한 장소에는 재해를 충분히 숙지해 스스로 대처할 수 있는 사람들이 생활하며 일을 한다. 본 책에서는 이러한 생각을 포함해 재해지인 동북 연안지역의 방재 및 부흥의 제안, 동일본 및 일본 전국이 회복하기 위한 시책을 제언한다.

차례

제 1 장

동일본 대지진의 실체와 현황

1-1 2011.3.11의 M9.0 지진과 거대 해일

2011년 3월 11일, 이와테~이바라키 현에 이르는 해상 길이 500킬로미터, 폭 200킬로미터의 넓은 지역을 진원지역으로 하는 거대 지진이 발생했다. 지진의 규모를 나타내는 매그니튜드(M)는 9.0. 1960년에 일어난 칠레 지진(M9.5), 64년의 알래스카 지진(M9.2) 등에 이어 세계 관측사상 다섯 번째로 큰 것이었다.

이 지역에서는 동일본이 위치한 북미판과 태평양판이라고 하는 2개의 암판(岩板)이 서로 부딪쳐 후자가 전자 아래에 침강하는 형태로 움직이고 있다. 이번 지진은 두 판의 경계면이 어긋나(단층파괴) 일어났다. 오후 2시 46분의 미야기 현 해상을 시작으로 후쿠시마 현 해상, 그리고 이바라키 현 해상과 3회의 지진이 연속해서 발생했다.

이 지진에 의한 동일본의 흔들림은 격렬하고, 동북지방에서 이바라키에 걸친 넓은 지역에서 진도 7~6미만, 도쿄(지요다 구)나 요코하마 시, 사이타마 시, 지바 시 등에서도 진도 5의 강진이 관측되었다. 지진의 영향으로 동북 신칸센이나 동북 자동차도로를 시작으로 하는 교통망이 토막토막 끊겼고, 제조업의 재해나 콤비나트(kombinat) 화재는 '일용품 부족', '연료 부족'등 물자부족 가져왔다.

지바 현 우라야스 시에서는 지반의 액상화 현상에 의해 집이 기울어 상하수도나 가스 등의 라이프라인이 끊어지는 사태도 발생했다. 지진은 물론이고, 지진 후 30분 후부터 닥친 큰 해일이 태평양 기슭의 마을에 심대한 피해를 가져왔다. 특히 좁은 만(灣)이 뒤얽힌 리아스식 해안이 계속 되는 산리쿠 지방에서는, 상륙한 물결이 골짜기에서 더욱 높아져 산을 넘어 마을 전체를 덮었다. 이번 해일은 그 후의 조사에서 동북 태평양 해안에서 과거 최대급이었다고 보이는 '조간 지진'(869년) 때의 큰 해일을 능가하는 규모였던 것으로 판명되었다.

이 동일본 대지진에 의한 사망자 수는 14,919명, 행방불명 9,893명(올해 5월 9일, 현재 경찰청 수집자료)으로 집계되고 있어, 95년의 '한신 · 아와지 대지진'의 인적 피해(사망자 · 행방불명자 합하여 6437명)를 크게 웃돌았다. 말 그대로, 일본사에 남는 대재해가 되어 버린 것이다.

전대미문의 지진재해는 일본 경제에도 큰 영향을 미쳤다. 1만 엔을 넘고 있던 닛케이 평균주가는 지진재해 직후에는 일시에 8,600엔 선까지 내려갔다. 투기자본의 수요로 엔고가 급진해, 1달러 = 79엔대라고 하는 전후 최고치를 기록한 상황도 있었다. 3월의 자동차 국내 생산대수는 자동차나 부품공장의 재해로 인해 전년 동월 대비 60퍼센트에 가까운 과거 최대의 침체를 기록하였고, 부품 부족으로 브랜드 차의 해외 생산에도 차질을 빚게 만들었다. 한편, 소비나 외식을 유보하는 '자숙 분위기'의 만연함은 유통, 패션, 여행 등의 업계에 큰 타격을 가져왔다. 같은 달의 백화점 매상고는 정전의 영향도 있었지만 전년 동월에 비해 대략 15퍼센트 하락하였고, 리만 쇼크에 의한 소비불황이 표출된 09년 3월을 웃도는 침체였다. 또한 민주당 간 나오토 정권은 재해지의 부흥을 향한 제언을 실시하는 총리의 자문기관 '동일본 대지진 부흥 구상회의'를 설치하여 구체적인 부흥을 위한 '부흥청'(가칭)의 신설을 발표했다.

해일이 밀려들고 10일이 지나서도 건물 위에 남겨진 상태의 배

大阪
消防
済

1-2 동일본 대지진의 구조와 피난

대지진 발생을 보고받은 정부는 간 나오토 수상을 본부장으로 하는 긴급재해대책 본부를 설치하여 자위대, 경찰, 소방 등에 의한 구조활동을 신속하게 개시하였다.

소방청은 한신·아와지 대지진 때의 경험을 바탕으로 1995년에 창설된 긴급 소방 원조대를 파견하였다. 지진재해 다음날인 12일 밤에는 전국에 등록되어 있는 약 4,300대의 원조대 중 1,126대가 재해지에 들어갔다. 자위대도 12일 낮부터 인원 약 2만 명, 항공기 약 190기, 함정 약 25척을 투입했다. 정보전달의 미비 등으로 '동지연'이 지적되었던 '한신지진'의 교훈으로 인해 동일본 대지진에서는 대응이 비교적 빨랐다. 자위대는 그 후 상비대 26만 명 중 10만 명을 파견한 뒤 처음으로 예비역도 동원하는 등, 과거 최대의 조치를 하였으며 이는 '한신'(최대 시 1만9,000명)을 5배 이상 웃도는 구원체제였다.

하지만 구조나 사체 수용은 곤란을 겪었는데, 재해지역이 광범위한데다가 거대 해일이 건물과 사람을 단번에 덮쳐 왔기 때문에 이재민이 어디에 있는지를 파악하는 것조차 쉽지 않았다. 바다로 흘러 들어가 먼 곳의 해안에 표착하는 사체도 많았다. 그러던 중, 지진재해로부터 10일째, 미야기 현 이시노마키 시에서 80세의 조모와 16세의 손자가 부서진 가옥에서 구조된 사례도 있었다. 경찰청의 발표(4월 19일)에 따르면, 피해가 컸던 이와테, 미야기, 후쿠시마의 3현에서 검시한 사망자 13,135명 가운데 익사가 92.5퍼센트에 달했고, 약 8퍼센트가 주택붕괴 등에 의한 질식사, 압사였다.

이것이 '한신'지진 때와의 두드러진 차이이다.

해일경보는 발령되었지만 지진발생으로부터 최단 30분 사이에 물결이 밀려들었기 때문에 먼 평야부에서는 늦게 도망친 사람도 많았다. 동시에, 수십 년마다 이 지역을 덮치는 해일의 피해가 반복되고 있었음에도 불구하고, 필요한 피난행동을 게을리 했기 때문에 목숨을 잃은 예도 많았던 것으로 보인다. 지정되어 있던 피난처를 해일이 덮쳐 많은 희생자를 내는 등, 지자체의 '피난처 산정'의 안일함도 드러났다. 지진재해로부터 2개월 지난 5월 중순의 시점에서, 피난처 등에 몸을 의지하고 있는 사람은 대략 12만 명. 이와테 현 약 3만7,000명, 미야기 현 3만3,000명, 후쿠시마 제일 원자력 발전의 반경 20킬로 권내가 경계구역이 된 후쿠시마 현이 5만 9,000명이다. 피난민의 수는 피크(peak) 시의 4분의1이 되었지만, 용지 확보의 문제 등에서 가설 주택의 건설이 늦어져 피난생활의 장기화는 피할 수 없었다.

확인된 것만도 1개월간 282명이 춥고 위생적인 면에서 문제를 안고 있는 피난처 생활 중에 호흡기, 순환기, 뇌혈관 등의 '지진재해 관련 질환'으로 죽었다. 한편, 외신은 재해의 상처를 입으면서 질서 있게 서로 돕는 모습을 놀라움을 가지고 보도하기도 했다. 대지진으로 철도가 전면 중단된 도쿄에서는 지진재해 당일, 대량의 '귀가 난민'이 발생함으로써 밤의 간선도로의 보도는 수십 킬로를 도보로 귀가하는 샐러리맨 등의 모습으로 넘쳐났다. 도내에 설치된 피난처에서 하룻밤을 보내는 사람도 많았다.

기왓조각과 돌이 즐비한 거리에서 생필품을 입수하는 사람들(미야기 현 게센누마 시)

生鮮人参
N.W. 10 KG
170g×20

1-3 원자력 발전 피해 긴급처리 · 폐로(廢爐)와 주변오염

거대 해일은 원자력발전소에 중대사고를 유발하여 지진에 의한 재해를 보다 더욱 심각하게 하였다. 후쿠시마 현 오쿠마쵸, 후타바마치에 걸쳐있는 도쿄 전력 후쿠시마 제일 원자력 발전의 1호기~4호기에서 원자로의 냉각장치가 작동하지 않는 사태가 발생했다(4호기는 정비중이었지만, 사용이 끝난 핵연료가 저장되고 있었다).

큰 지진 등에 휩쓸렸을 경우, 원자로는 '멈춘다' → '차게 한다' → '가둔다'라고 하는 과정을 밟으면서 안전한 상태를 유지한다. 이번 사태에서 큰 흔들림을 감지해 '멈춘다' 단계는 정상적으로 기능했지만, 긴급 노심 냉각장치의 예비전원이 해일의 영향을 받아 냉각수를 공급할 수 없게 되었다. 지진재해 다음날의 12일 오후에는 1호기 건물이 폭발했고 14일에는 3호기도 폭발했다. 모두 연료봉의 과열 때문에 발생한 수소가 산소와 결합해 일으킨 '수소폭발'이라고 보고 있다. 전원의 회복, 펌프차 등을 사용하여 온 힘을 다해 급수작업을 계속하고 있지만, 사고로부터 2개월 경과한 시점에서도 여전히 예측이 힘든 상황이다. 또 5월 12일에는 1호기에서 노심융해(멜트 다운)가 발생한 것도 밝혀져 사고의 심각성을 재차 각인시켰다. 국제적인 평가척도에 근거하는 사고의 심각도는 제일 높은 '레벨 7'(체르노빌 원전사고와 동등)이라고 발표되었다.

사고 발생 후 정부는 원자력 발전 주변 주민에게 피난을 지시, 4월 22일에는 원자력 발전으로부터 반경 20킬로 권내를 출입을 금지하는 '경계구역'으로 지정했다. 집이나 직장, 전답 등에서 '격리'된 피난민은 5월 중순의 단계에서 대략 6만 명. 방사능의 영향을 피하기 위해 현 외에 몸을 의지하는 사람도 눈에 띄었다. 5월에는 경계구역 내로의 일시 귀가도 행해졌지만, 원자력 발전 사고처리가 장기화 되어 이를 해결하는 것이 부흥을 위한 중대 과제가 되었다.

대량의 방사성 물질인 비산이나 오염수의 바다로의 유출 등은 현지의 농축산업, 어업에도 심각한 영향을 미쳤다. 후쿠시마, 이바라키 현 산의 원유나 시금치 등에서 기준치를 넘는 방사성 물질이 검출되어 출하정지 조치가 취해졌다. '만약을 위한 조치로, 즉시 건강에 피해를 미치는 것은 아니다'라고 하는 것이 나라의 설명이었지만, '후쿠시마 산은 위험'이라고 하는 풍문이 퍼졌다.

후쿠시마 제1, 제2(정상적으로 정지, 냉각) 원자력 발전의 기능정지와 화력발전소 5개소의 재해는 수도권 등 도쿄전력 관내의 전력 사정을 단번에 악화시켰다. 전력부족이 사실화 되자, 도쿄전력은 3월 14일부터 관동지방을 시간과 지역으로 단락 지어 차례로 전력공급을 멈추는, 이례적인 계획'윤번정전'을 단행했다. 예측 불가능한 대규모 정전을 피하기 위해였지만, 전자제품을 사용할 수 없었을 뿐만 아니라 신호등도 가로등도 사라졌다. 정전 중에는 라인을 멈출 수밖에 없는 제조업에의 영향도 심각해 물자부족 현상을 심화시켰다.

후쿠시마 제1 원자력 발전 사고는 원자력의 추진을 제일로 생각해 온 일본의 에너지 정책의 뼈대를 흔들어 놓았다. 간 나오토 수상은 5월, 중부전력에 대해서 도카이 지진이 임박하고 있다고 하여, 해일대책 등의 중장기적 대책이 실행될 때까지 하마오카 원자력 발전(시즈오카 현 오마에자키 시)의 전 원자로를 정지하도록 요청하였고, 중부전력도 이것을 받아들였다.

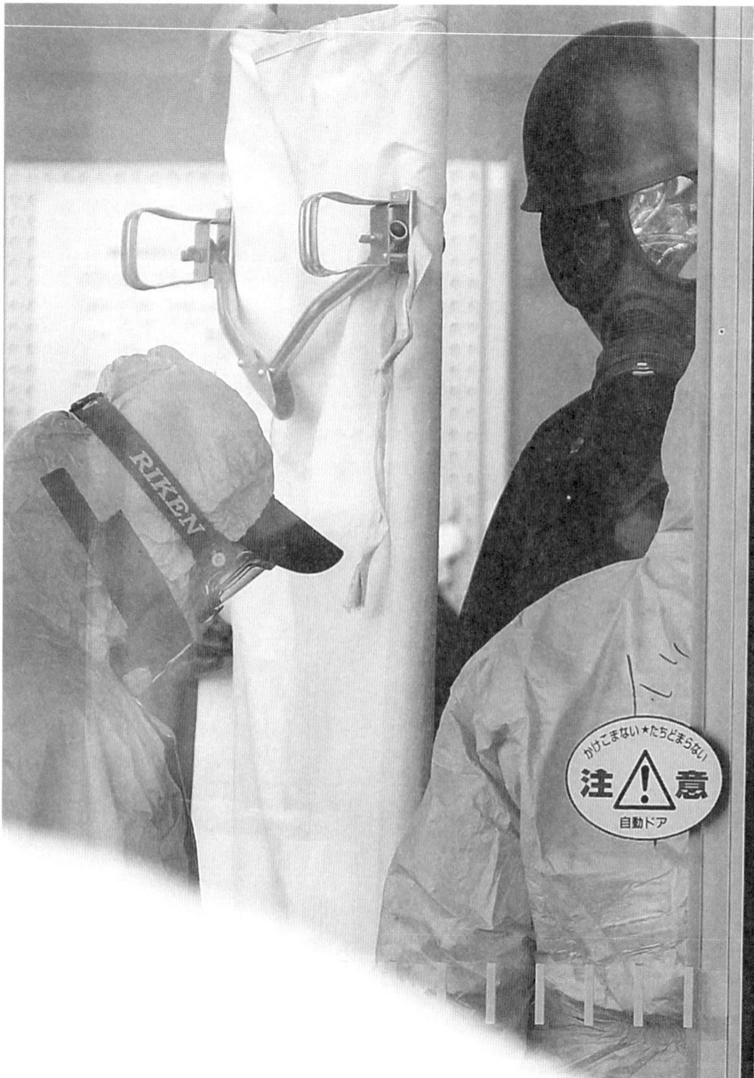

방사능 농도의 측정을 받는 자위대원

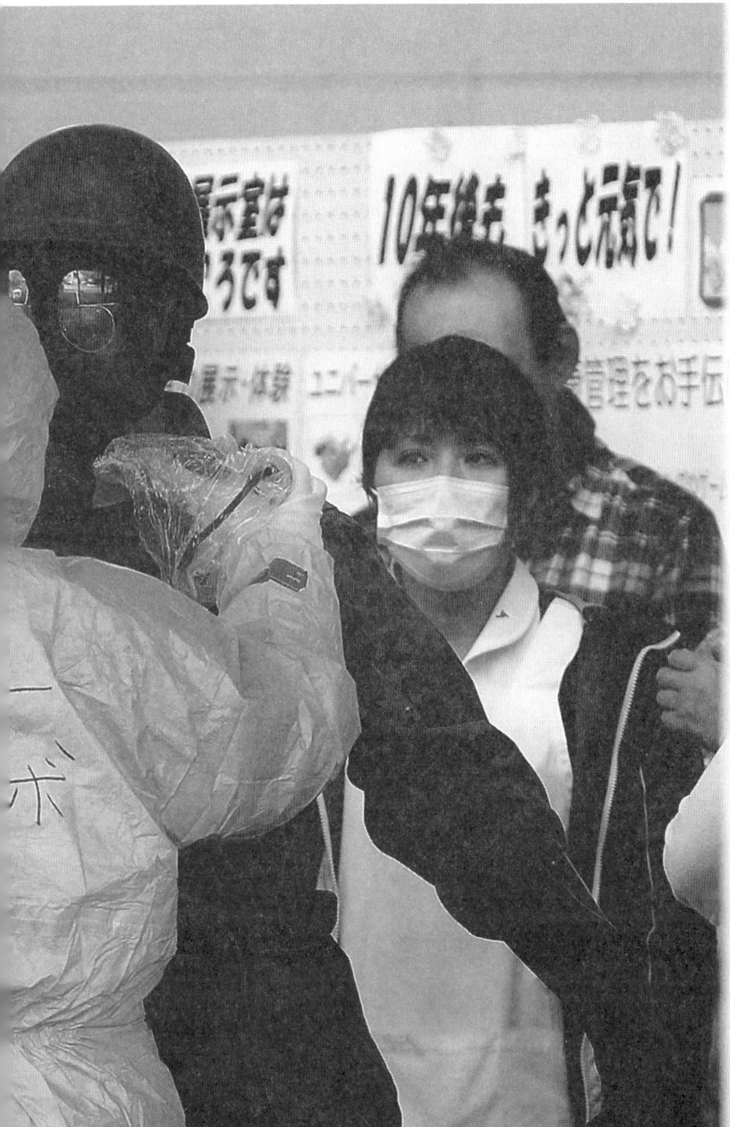
きっと元気で！

1-4 국제 지원 · 자원봉사

일본을 덮친 전대미문의 대재해에 대한 해외의 반응도 빨랐다. 지진재해 5일 후의 3월 16일 오후, 116개의 나라와 지역, 28개 국제기관으로부터 지원의 제의가 있었으며 구조 팀도 잇달아 일본을 방문했다. 그리고 "일본 사람들, 특히 지진과 해일로 사랑하는 사람을 잃은 사람에게 깊은 애도의 뜻을 나타낸다"라고 성명을 발표한 미국(오바마 대통령)은 'TOMODACHI(도모다치) 작전'이라고 이름을 붙인 지원을 전개하여 육 · 해 · 공 · 해병대의 4군 약 2만 명과 항공기 160기, 원자력 항공모함 '로널드 레이건'을 시작으로 하는 함선 20척 등의 대규모 체제로 구원작업에 임했다. 기지이전 문제로 흔들리는 후텐마 비행장(오키나와)에 소속하는 헬기 부대는 물자수송에서 활약한 것 외에도 자위대와의 공동구조, 사체 수용 작업 등에서 큰 성과를 올렸다.

센카쿠 사건 등에서 관계가 삐걱거리고 있던 중국이지만, 원자바오 수상이 3월 14일의 전국 인민대표대회 폐막 후의 기자회견에서 국제 구원대의 파견이나 구원물자의 제공, 필요에 의한 추가지원을 표명했으며. 대기업 사이트의 인터넷 여론조사에서는 '일본에 인도적 지원을 실시해야 한다'라는 의견이 83퍼센트를 차지했다. 또 한국은 일본 정부의 요청을 받아 재해지에 구조대원과 구조견을 급파했고, 싱가포르 정부도 음료수 2만개, 비상식량 4,400식, 모포 4,350매 등의 지원물자를 준비했다. 한편, 동일본 대지진 발생 약 20일 전에 지진으로 피해를 받은 뉴질랜드로부터도, 존 키 수상이 '(일본의 지원에 대해) 이번은 우리의 차례다'고 하며 50명 규모의 재해 구조대를 파견하였다. 러시아의 푸틴 수상이 전력공급 부족에 빠진 일본을 위해서 액화천연가스(LNG)의 대일 공급량 증가를 지시하거나 일본을 방문한 프랑스의 사르코지 대통령이 원자력 발전 문제에 대한 협력을 약속하거나 하는 형태의 지원도 있었다.

'한신 · 아와지 대지진'으로 각광을 받은 일본 내의 자원봉사도 활발한 활동을 재개했다. 재해지가 도시지역에서 멀다는 점과 지진으로 교통망이 토막토막 끊겨 가솔린이 부족한 것 등 '한신지진' 때에 비해서 자원봉사를 행하는 데 있어서 장해는 컸다. 그런데도 지진재해 발생 일주일간 본격적인 활동이 시작되어 식사공급이나 쓰레기 정리 등에 힘을 발휘했다. 대형 연휴(4월 29일~5월8일) 전에 각 시읍면의 재해 자원봉사센터에 등록해 활동한 사람은 하루 평균 약 3,700명, 연휴 중에는 8,000명이 참가했다.

단지 이번에도 광범위한 재해지에 필요한 인원이 골고루 배치되지 않거나, 반대로 수락 허용한도를 넘어 자원봉사자가 집중되는 문제점도 드러났다. 또한 문부과학성은 대학생의 자원봉사 활동을 지지하기 위해 전국의 대학에 대해서 재해지에서의 활동에 단위구역(unit)을 할당하는 방식으로 환경정비를 통지했다. 기업에서도 사회적 책임(CSR)의 일환으로서 사원의 '자원봉사 휴가제도'를 신설하는 등의 움직임을 보였다. 이번 지진재해를 기회로, 일본에 자원봉사의 문화가 한층 더 깊게 뿌리내릴 수 있을지가 주목된다.

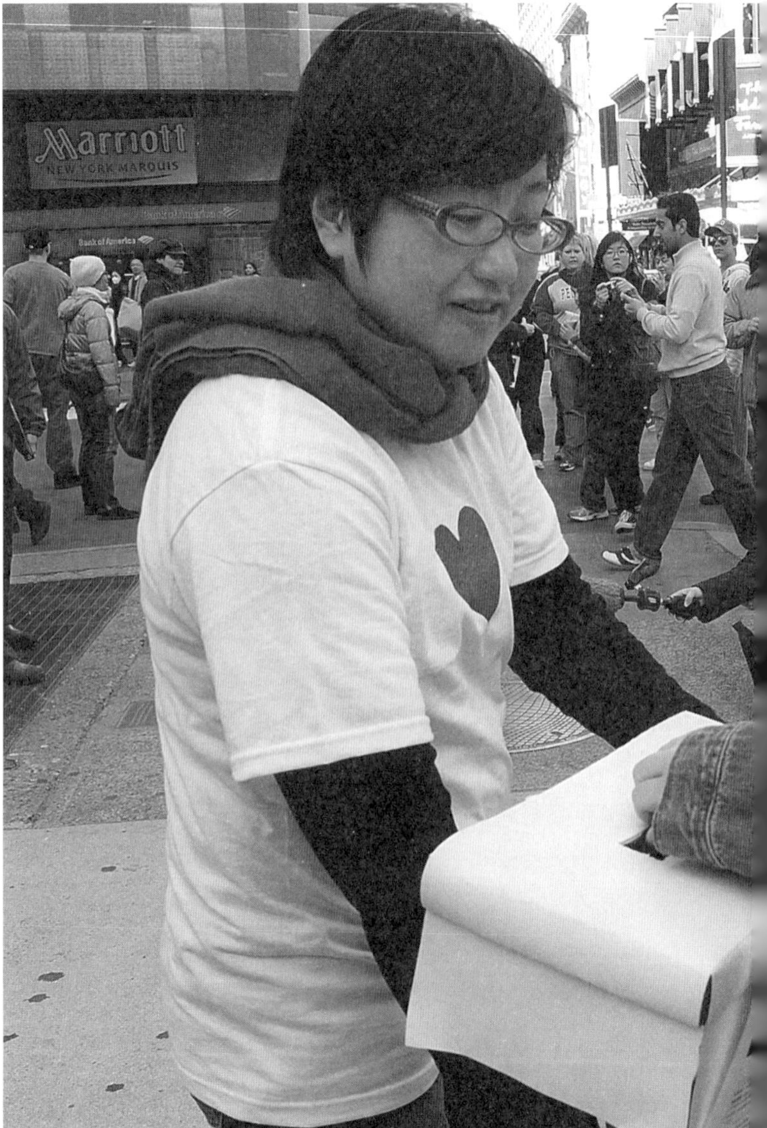

이재민을 위해서 의연금을 기부하는 시민들 - 미국 뉴욕에서

제 2 장

동일본 대지진의 부흥 구상

- 이토 시게루 편

2-1 방재 및 마을 재건

이토 시게루(와세다 대학 특명교수)
미후네 야스미치(공학박사, 1급건축사)

마을 조성의 원칙

재해지를 그 지형조건으로부터 두 개로 나누고, 마을 조성의 미래를 생각해 본다. 산리쿠의 농어촌 지역과 센다이 평야의 평탄한 저지대이다. 이와테 현의 구지 시에서 미야기 현의 게센누마 시까지는 리아스식 해안에 접한 시읍면이다. 그 중심 시가지는 바다와 접한 골짜기에 면하는 평지에 있다. 안쪽으로 갈수록 좁아지는 이 지형은 해일을 비정상으로 높게 만들어 중심시가지를 단번에 소실시켰다. 미야코 시 다로 지구에서는 수십 년 걸려 만들어진 높이 10미터의 이중 방조제의 바깥쪽 방조제가 파괴되었다. 특히 안쪽과 바깥쪽 방조제 사이의 평지에 살고 있던 사람들은 큰 피해를 입었다. 평지의 시가지에 사람을 살게 하는 것은 다시 이러한 참사를 초래하게 된다. 우선 일반 평지는 업무(業務)장소, 고지대는 거주의 장소라고 하는 대원칙을 이 지역에서는 확립하자.

그러나 이 지역의 시가지는 어장 마을이기 때문에 항구의 주변에는 수산가공 관련시설을 만들지 않을 수 없다. 최소한의 상업시설이나 공장도 필요할 것이다. 그러한 업무의 장소는 고지대 바로 아래에 평지에 만들어 신속하게 피난도로나 승강시설을 이용해 고지대로 피난할 수 있도록 한다. 평지의 업무 장소에서 고지대까지의 피난시간은 30분 이내가 되도록 업무용 시가지를 건설한다. 평지의 건축물은 4층 이상의 내진건축이며 내파(耐波)건축으로 한다.

그 건물들은 파도로 파괴되는 소규모 건축이어서는 안 되며, 일정한 크기가 있어 충분한 중량감을 갖게 할 필요가 있다. 고지대는 거주를 위한 용도로 사용되므로 여기에는 주택 외에 관공서나 병원, 커뮤니티 시설, 쇼핑센터 등의 상업시설을 만든다. 이를 위해 일찍이 저지대에 있던 시가지는 유휴지화 한다. 유휴지화 된 장소는 생산성이 높은 농지로 바꾸어 가거나 평지림을 조성하는 것도 괜찮다.

평지가 넓은 게센누마 시와 같은 지방도시에서는 업무의 장소가 확대되어 피난시간 30분 내에 고지대로 접근할 수 없는 장소가 생길지도 모른다. 이러한 경우에는 업무지구 내부에 내진 · 내화 · 내파성이 높은 건축물 군으로 완성된 인공적 피난거점을 만들어야 한다. 그것들은 주로 중 · 고층의 사무소나 창고, 입체 주차장의 집합체가 될 것이다. 당연히 거기에 지어지는 철근콘크리트조 건축물은 내파성능이 보증되는 설계가 요구된다. 이 인공적 피난거점으로부터 한층 더 표고가 높은 장소에 피난할 수 있는 대책도 세워 두어야 할 것이다. 완전한 안전성을 확보하기 위해서 건축물군의 배치를 원형으로 만들고, 그 중심에 주변의 토석과 쓰레기를 집적한 인공의 언덕(에스케이프 힐)을 만드는 것도 생각해 볼 수 있다. 이 에스케이프 힐(피난언덕)의 높이는 20미터 이상으로 한다. 일례로 삿포로 시 교외에 이사무 노구치가 설계한 모에레누마 공원의 언덕이 있다.

사실, 산리쿠 지역보다 이시마키를 포함한 센다이 평야의 재해 면적이 훨씬 크다. 산리쿠 지역은 단층에서 날카롭게 잘린 U자형 지형인 데 비해 센다이 평야는 평탄하게 펼쳐지는 충적평야이기 때문이다. 센다이 평야는 바다의 가까운 곳 어디에도 구릉이나 대지(臺地. 주위보다 좀 높고 평평한 땅) 없이 완만하게 안쪽으로 향해 있어 표고가 높아지고 있어 해일을 흡수해 멈출 수 있는 지형은 아니다. 하지만 이 지역은 해안선이 원호를 이루고 있기 때문에 이 지형을 덮친 해일의 파고는 산리쿠 지역에 비교하면 매우 낮다. 산리쿠에서 파고가 15미터인 해일은 센다이 평야에서는 10미터이다. 산리쿠에서 20미터 파고의 해일은 센다이 평야에서는 15미터이다. 만약, 해안선으로부터 2킬로미터 떨어진 장소의 표고가 10미터라면, 거기에 더하여 10미터 높이의 방조제를 만들면 거대 해일을 흡수해 멈출 수 있을 것이다.

실제로 센다이 평야를 남북으로 종단하는 센다이 동부 도로는 그 방조제와 같은 역할을 담당했다. 이 사실을 알았을 때, 네덜란드에서 북해 겨울의 거센 파도로부터 간척지를 지키는 거대한 방조제를 떠올렸다. 이 간척지의 방조제는 높이가 20미터를 훌쩍 넘는다. 돌이나 흙을 쌓아 올려서 만들었던 이 제방의 기초부의 폭은 200미터 정도다. 이 사다리꼴로 폭이 넓은 방조제가 북해의 거센 파도로부터 농지가 노출되지 않도록 해주고 염해를 막아준다. 따라서 이 센다이 충적평야에서도 해안선으로부터 2킬로미터 정도 후미진 곳에 네덜란드의 방조제 형태를 모방해 완경사로 사다리꼴의 높은 도로를 해안선과 병행하여 남북으로 길게 건설하면 어떨까? 그 도로 밖의 해안 측에는 농지나 목초지 그리고 평지림을 배치해 시가지를 만들지 않는다. 이 도로의 표고는 자연지형의 높이도 포함해 20미터 이상으로 한다. 고속도로에서 내륙부는 주택을 주체로 한 혼재형의 시가지로 한다. 표고가 20미터 미만인 지대의 건축은 모두 3층 이상의 내진 건축물로 한다. 그 이상 높이의 장소에는 목조주택을 인정해도 괜찮을 것이다.

이시마키의 시가지는 항만지구로부터 평탄하게 기타카미 강의 충적평야를 향해 넓게 펼쳐지고 있다. 그 시가지에는 주택, 상업, 공업, 어업이 혼재하고 있다. 이시마키 시는 센다이에 근접해 있는 미야기 현에서는 두 번째로 큰 인구수 160만 명의 도시이다. 그러므로 이시노마키 시의 새로운 도시재생 상을 그리는 것은 꽤 어렵다. 이시노마키 시가지에서도 예부터 성이 있던 섬 형상의 언덕인 히요리야마 공원은 많은 이들이 해일의 피해를 면했다. 또한 항구와 가깝고, 거기에는 공공시설이나 신사가 모여 있었다. 그 표고는 20미터 이상이었다.

그렇다면 이 평탄한 시가지 안에 히요리야마 공원의 언덕과 같은 인공물을 만들자. 쓰레기와 잔토를 사용하여 이스케이프 힐을 몇 개 만드는 것이다. 표고는 20미터 이상으로 한다. 이 언덕을 만들기 위해서는 근처에 있는 자연의 구릉지를 깎아도 괜찮다. 말하자면, 해일로부터 생명을 지키는 인공의 피난언덕을 만드는 것이다. 이 언덕 정상의 평탄부는 집합주택단지로 하고 병원이 있어도 좋을 것이다. 이 피난언덕 기슭의 저지대는 상업지역 · 공업지역으로 한다. 그리고 4층 이상의 내진 건축물만 지어지도록 한다. 그리고 이 시가지의 외부는 제방형의 높은 도로로 에워싼다. 이러한 방재 마을 조성의 미래 모습을 알아보기 쉽도록 안내물이나 모형을 만들고, 가능한 한 신속하게 재해시민에게 보여주어야 할 것이다.

방재지역제

제2차 대전 때 미군의 폭격에 의해서 일본의 목조 도시는 재로 변했다. 목조 도시의 대화재를 저지하기 위해 정부는 방화지역이라고 하는 토지이용규제를 결정했다. 전후 반세기, 일본의 대도시에서는 불연화가 보급되고 내진 · 내화건축이 만들어져 도시의 대화재는 없어졌다.

그럼에도 불구하고 지방도시의 시가지에서는 아직 방대한 목조 건축물이 존재하고 있다. 이번의 해일은 이러한 목조 건축물을 남김없이 파괴했다. 그러나 기적적으로 내화건축물의 대부분은 이 해일을 견뎌내었다. 화재와 지진뿐만 아니라 해일에서도 철근콘크리트조 건축은 무너지지 않았다.

그런데 1959년의 이세 만(灣) 태풍에서는 해일이 나고야 시의 저지대를 덮쳤다. 목조 건축물이 다수 유출해 많은 사람들이 사망했다. 건축기준법에서는 목조 건축물의 건축을 금지하고 건물 1층

부분에 거주를 금지하는 재해위험 구역을 정하여 높은 해일로부터 시가지를 지키게 했다. 그러나 이 재해위험 구역은 현지의 이해를 얻어내지 못하고, 나고야 시에서 그 구체적인 사항을 실행하지 못했다. 왜냐하면 만약 이 구역이 지정되면 지가가 하락해 거기에 거주하려고 하는 사람들이 없어진다고 하는 토지 권리자의 의구심이 있었기 때문이다.

그 결과, 이 재해위험 구역은 실시되는 일 없이 반세기 이상의 시간이 지나 버렸다. 이번 해일 대재해는 건물의 내화화와 방화지역과 건물의 저층 층의 거주를 제한하는 방재지역제의 필요성을 국민에게 상기시켰다고 생각한다. 방재지역이 지정되면 해일, 지진, 화재, 집중호우라고 하는 재해에 견딜 수 있도록 건물의 구조, 용도, 높이, 건축면적의 규모와 옥상에의 피난경로의 확보를 정할 수 있다. 이번을 계기로 꼭 전국의 모든 시가지를 대상으로 한 방재지역제를 생각했으면 좋겠다.

방조제

이번 재해에서는 방조제도 큰 피해를 입었다. 그 결과, 해일이 넘어진 방조제를 넘어 시가지로 들어가 저지대의 주택지에 피해를 입혔다. 그리고 방조제의 높이도 화제가 되었는데 이와테 현 후다이무라에서는 일찍이 촌장이 반대를 무릅쓰고 15미터 높이의 방조제를 만들어, 이번 해일에서는 사망자를 한 명도 내지 않았다고 하여 유명해졌다. 후다이무라에서는 다행히도 방조제 자체도 피해를 입지 않았다. 다른 지역에서는 피해를 입은 방조제가 많았다. 특히 이와테 현 다로우쵸의 방조제가 화제가 되었다. 흙으로 제방을 만들고, 그 위를 콘크리트로 굳힌 높이가 10미터의 방조제인데 만리장성으로 불렸다. 그리고 칠레 지진에 의한 해일에서는 피해를 최소한으로 하였다는 안전 신화가 있었다. 하지만 이번 지진에서는 제2기에 만들어진 만구(灣口, 만의 어귀)에 평행한 방조제가 파괴되어 그것이 안전 신화의 붕괴라고 보도되었다.

한편, 자중식(自重式) 방조제의 피해가 많았다. 공장에서 만들어진 블록을 늘어놓으면서 설치한 방조제인데 자중식이기 때문에 기초나 지반, 그리고 인접 블록이 서로 고정되어 있지 않았다. 이번 해일은 방조제보다 높았기 때문에 자중만으로는 고정이 되지 않아 블록단위로 분리되어 전도(轉倒)되었다. 파괴라고 하는 것보다는 확실히 부분분리가 된 전도이다. 자중식은 좌우와 아래의 3점이 고정되어 있지 않기 때문에 전도되기 쉽다. 재해지를 시찰해 보면 피해를 당하고 있는 방조제가 많다.

해일로부터 마을을 최초로 지켜내는 것은 방조제이다. 높이를 높게 해 완벽한 방조제를 만들어야만 한다는 것은 아니지만 어느 정도는 해일을 막아주어 피난 시간을 벌어주고 빠져나가는 파도의 피해를 막아주는, 파괴되지 않고 전도되지 않는 방조제를 만들지 않으면 안 된다.

그러기 위해서는 방조제의 좌우와 아래를 고정하고 해일의 직격을 받아 넘길 수 있도록 해야 한다. 또 상황에 따라서는 직선 모양이 아니라 원호형으로 설치하는 방법도 검토해야만 한다.

내화(耐火)건축

TV를 보고 있는데, 항공 자위대의 상공촬영에 의한 게센누마 시의 화재 영상이 방영되었다. 그때 해수면상의 넓은 지역에 발생한 화재 영상에 매우 놀랐다. 해일이라고 하는 수해에도 불구하고 대화재의 상태가 되어 있는 것이다. 만(灣) 연안을 따라 있던 오일탱크가 재해를 입어 기름이 새어나오고, 거기에 어떠한 원인으로 발화를 했거나 혹은 떠내려 온 배의 기름이 새어 똑같이 발화했다고 추측된다. 그것이 차례차례로 취락이나 시가지에 연소하며 확장되어 갔던 것이다. 해일형 화재라고 하는 이번 화재는 동일본 대지진의 특징 중 하나이다.

해일과 화재를 한데 묶는 것은 상상하기 어려운 일이지만, 생각해 본다면 오일탱크와 같은 위험물의 저장소는 해안가에 입지하고 있는 경우가 많아 화재의 위험은 이전부터 존재하고 있었다. 게다가 위험요인의 배가 내륙까지 흘러갔다. 한신 · 아와지 대지진 때에 고베 시 나가타 구의 대화재가 2차 재해로 크게 다루어졌다. 나가타 구와 같이 목조 주택이 많거나 소방펌프차가 들어갈 수 없는 협소한 도로가 많은 지구에서는, 일단 화재가 일어나면 연소화재가 발생해 위험할 것이라는 것은 누구나 예상하고 있었다. 그러나 항만지구에서 해일이 왔을 때, 대화재가 일어날 우려가 있다는 것은 예상하지 못했다. 이번에 화재가 일어난 면적은 한신 · 아와지 대지진 이상이라고도 일컬어지고 있다. 10헥타르 이상이 화재가 된 마을도 몇 개인가 있었고 들판은 불바다가 되었다.

앞서 본 것과 같은 지구에는 내화조의 건축은 적고 목조와 철골조가 많다. 목조는 흔적도 없이 전소했다. 철골조의 건물이 불에 탄 자리를 보면, 내화피복도 되어 있지 않고 철골은 구부러져 있으며 건물은 쓰러지지만 않았을 뿐이다. 그러므로 저지대에서 해안에 가까운 해일 침수구역의 건물은 내진뿐만이 아니라 내화건축도 목표로 해야 할 것이다.

내파(內波)건축

철근콘크리트조의 중 · 고층 건물은 해변가에 있어도 해일에 견디어 파괴되지 않았다. 예로는 리쿠젠다카타 시의 호텔이나 남 산리쿠쵸의 항구에 접한 4층 건물의 공영주택을 들 수 있다. 반면에 철골조의 건물은 파괴되었다. 이 사실로부터 예상되는 것은 자중이 있는 건물이 내파성이 강하다는 것이다.

해변가에 지어져 있었지만 거의 피해를 입지 않았던 철근콘크리트조 건축물 사례를 눈여겨 볼 필요가 있다. 철근콘크리트조 건축물에서도 해일에 의해서 전도된 것이 있었지만 그것들은 동일하게 3층 건물 이하의 소규모 건물이었다. 이것들은 자중이 작기 때문에 전도되었다고 판단할 수 있다. 또 이시노마키 시에서는 항만부를 넘어가는 우회도로의 교량도 피해를 입지 않았다. 이것 역시 자중이 매우 무거운데다가 해일을 받은 면적이 작았기 때문이다.

이러한 사례로부터 생각해 볼 때, 표고가 낮은 부두지구에 있어서도 규모가 큰 4층 건물 이상의 중・고층 건축물은 거대 해일에 견딜 수 있다. 그러므로 해일에 의해서 침수되는 저지대라도 철근콘크리트조 건축물을 많이 건축하여 지역을 정비하면, 그 시가지는 그 자체로 피난거점이 될 수 있다.

이러한 방식으로 생각하면 저지대라고 해서 반드시 시가지를 만들어서는 안 된다고 하는 판단은 경솔한 생각이라고 할 수 있다. 바다에 접한 도시의 중심시가지는 일반적으로 저지대에 형성된다. 그곳이 그 도시의 경제활동의 원천이며 또 활기의 중심이다. 그곳을 완전히 공지로 만드는 것은 불가능하다.

번화가의 중심이 이번 해일로 침수구역이 되었다. 해일 침수구역에서는 내진・내화건축이라고 하는 조건과 함께 현재의 철근콘크리트조에 내파성을 검토한 건축물로 해야 할 것이다. 그리고 크고 무거운 중・고층의 철근콘크리트조로 지은 내파 건축물(예를 들어 1~2층은 점포 사무소, 3층은 기계실이나 창고, 그리고 4~5층은 주택)로 시가지를 조립해 가야 할 것이다.

에스케이프 힐(피난언덕)

해일이 발생했을 때 피난이라고 하는 관점에서 보면, 리아스식 해안은 고지대에서 가깝기 때문에 피난시간이 짧아서 유리하다. 그러나 반드시 그렇지 않은 곳도 있다. 한편 평탄한 재해지는 빌딩의 옥상 이외에는 도망갈 장소가 없다. 철근 콘크리트조의 피난빌딩을 건설해야 한다고 말하지만, 철골조의 공장이 많은 지역에서 철근콘크리트조로 공장을 건설해 피난빌딩으로 한다는 것은 어려운 일이다.

이처럼 근처에 고지대도 없고 피난빌딩 건설도 어려운 경우, 돌덩이를 사용해 높은 지대의 인공 언덕을 만들어 피난장소로 이용하는 것을 생각해 볼 수 있다. 이러한 인공 언덕을 여기에서는 이스케이프 힐이라고 부른다. 표고는 20미터 이상으로 한다. 누구나 오르기 쉽도록 장애물을 없애고 경사로를 통해 접근 하도록 한다. 이러한 언덕이 적절히 배치되어 있다면, 그 지역은 피난상 안전한 지역이 된다.

이스케이프 힐은 거기에 오픈 스페이스가 있는 것을 조건으로 공원이나 공공시설을 설치될 수 있다. 현재 있는 공원을 고지대화 한다면 조성하기가 쉬울 것이다. 이번에 재해지가 심했던 지역들은 넓은 평탄지로 구성되어 자연의 고지대는 찾아 볼 수 없었다. 하지만 이시노마키 시에는 히요리야마 공원이 있기 때문에 그 주변에 살던 사람들을 그곳에 피난할 수 있었다. 현재, 이 히요리야마 공원에는 살아남은 이재민과 다른 지역에서 재해지를 보러 온 사람들이 모여 있다. 눈 아래에 펼쳐지는 조금 전까지 살고 있었던 재해지의 광경을 보면서 이 언덕 덕분에 살아남았다는 것을 깊이 느끼고 있을 것이다.

해일 침수구역의 유효한 방재시설로써 방조제가 있지만, 방조제와 마찬가지로 이스케이프 힐도 유효한 방재시설로 평가되어야 한다. 목적은 피난용이지만, "○○의 언덕" 등과 같이 다른 이름을 붙여도 좋을 것이다.

유수지

유수지 건설을 부흥에 대한 제안으로 하는 데는 두 가지 이유가 있다. 하나는 산리쿠 지역의 타니아이 취락에 일어난 피해이고 둘째는 센다이 평야의 농지피해이다. 산리쿠 지역의 선상지(扇狀地)는 사람이 살 수 있는 곳이 안쪽으로 감에 따라 좁고 길게 되어 있다. 도쿄 해양대학의 조사에 따르면 강을 거슬러 올라간 해일의 수위가 높아져 그 때문에 표고가 38.9미터에 이른 곳도 있었다. 이 때문에 해일의 수세가 강해져 통상의 해일수위를 넘었던 것이다.

그렇다면 산리쿠 지역에서 해일의 수세를 약하게 하기 위해서는 평탄한 농업용지를 넓고 낮게 조성해 그곳에 유수지를 만들거나, 강의 상류에 농업용수용 댐을 만들어 수세를 약화시키는 방법을 생각해 보면 어떨까? 이 유수지는 연못이 아니라 숲을 조성해도 해도 괜찮다. 이 숲도 수세를 꺾는 데에 유효할 것이다.

넓은 유수지를 만들어 해일이 솟구치는 힘을 꺾어야 한다. 유수지는 넓은 연못이다. 이 넓은 연못은 센다이 평야에서 침수한 해안 근처 농용지에 배치되어 있다. 해일로 인해 센다이 평야의 광대한 농지는 소금 투성이가 되어 버렸다. 이 농지는 수년에 걸쳐 소금기를 빼지 않으면 안 된다. 그렇다면 소금물로 더러워진 농지로부터 나오는 배수를 막아주는 광대한 연못을 많이 만들어, 그곳에 새로운 양식 내륙 수산업을 연구해 보면 어떨까?

장기적인 관점에서 보면 염분이 빠진 뒤 이 유수지(遊水池)의 물은 담수가 된다. 그렇게 되면, 유수지와 유수지가 결합되어 네트워크화 되고 대규모 내륙형 수산기지가 생기며, 한편으로는 그곳은 전원적인 관광지가 된다. 즉 재해를 계기로 21세기형 수산업을 리드하는 새로운 해변 마을이 탄생하는 것이다. 예를 들어 에도 말기 쌀의 반출에 사용된 획기적인 운하(테이잔보리)를 21세기의 모습으로 부활시켜 보면 어떨까?

택지와 농지의 교환

재해지역에서는 농지 안에 산재하고 있던 많은 건물이 모두 해일에 의해서 파괴되었다. 이 농지와 택지의 권리관계를 정리하여 농지와 택지를 확실히 구분 정비한 새로운 마을 조성을 진행시키지 않으면 안 된다.

지금까지 일본에서의 시가지는 국토교통성에 의한 도시계획, 농지는 농수산성에 의한 경지정리로, 법규제도도 사업도 따로 따로 운용되어 왔다. 농지의 규제가 느슨하기 때문에 시가지가 농지로 확대되어 갔다. 때문에 택지가 농지에 산재하게 되어 농지의 집약화와 대규모화도 진행되지 않았다. 그 결과, 도시, 농지 모두 공공적인 투자효율이 나쁜 토지이용이 되어 버렸다.

더 나아가, 농지나 택지도 그 소유형태가 지극히 작게 세분화되어 있기 때문에 택지에는 영세 목조 건물이 들어서고, 농지는 농지대로 그 토지소유가 정리되지 않은 소규모 농지가 무수히 발생했다.

동일본 대지진은 이러한 현상을 타개할 기회를 우리에게 주었다. 관계부처를 넘어서, 택지나 농지를 전체적으로 파악할 수 있는 이상적인 토지이용 규정을 재해지에 만들어야 한다.

택지의 스프롤화(Sprawl, 도시의 급격한 발전과 땅값 급등으로 도시 주변이 무질서하게 택지화(宅地化)되어 가는 현상)를 막기 위해서는 지금까지보다 명쾌하게 택지와 농지를 구분해 집약화하는 도시전원계획을 법으로 정할 필요가 있다.

우선 비침수구역의 농지를 계획적으로 택지화하는 한편, 침수한 재해택지를 모두 농지로 만드는 농지택지 교환의 구획정리를 실체화해 주었으면 한다. 다시 말해 저지대의 재해택지는 보다 안전성이 높은 고지대의 농지나 임지와 교환하여 택지화하고, 그 농지와 임지의 권리는 저지대의 재해를 입은 택지를 농지화해서 서로 교환하는 것이다.

이 택지 · 농지의 교환은 당연히 국가가 특별법을 만들지 않으면 실현될 수 없다. 특별법에 근거하여 특히 토지 교환이 필요한 지역은 정부에서 방재특구로 정해 그곳의 택지 · 농지를 나라가 매입하도록 한다. 그리고 특구 내의 구획정리사업의 완료 후 국유지는 염가로 민간에게 매각한다. 이것은 미국과 유럽의 재개발에서 볼 수 있는 라이트다운 방법이다. 이렇게 토지 교환을 시행한다.

이를 위한 전제로 우선 지적조사가 필요하다. 지금까지 지적조사는 관계하는 토지소유권자의 입회하에 행해져야 했으므로 긴 시간이 걸렸다. 그러나 이 방재특구 내에서는 단기간에 사업을 완료시키기 위해서 권리자의 조정은 전제하지 않고 지적 조사를 진행시켜 공공에 의해서 지목의 형상과 권리관계를 우선 확정한 뒤, 그 결과에 대해서 지권자의 이의 제기가 있을 경우 공적 지적조사 완료 후에 처리를 하도록 하면 좋을 듯하다. 이 조치는 모든 부흥사업을 신속하게 처리하기 위한 특별하고 긴급한 조치이다.

여기서, 산리쿠 연안도시를 대상으로 전원도시계획의 개요를 그려 보자.

재해를 당한 저지대의 시가지는 지반침하의 결과 담수화된 곳이 많다. 장래의 해일 재해를 생각해 볼 때, 이 택지를 택지로써 재생시키는 것은 위험하다. 따라서 지금까지 침수한 택지에 있던 목조가옥군은 집약화해 내진성이 있는 집합주택으로 전환한다. 그 집합주택의 택지는 해일의 침수구역을 피해 높은 곳에 새롭게 건설한다.

일반적으로 농촌지역의 인구는 앞으로도 감소가 계속 될 것으로 생각되므로 농촌 취락의 택지는 지금보다 줄어들긴 해도 증가하지는 않을 것이다. 또 목조 단독주택을 집합주택으로 바꾸어 가면 여기에서도 택지가 감소하게 되는데, 이와 같이 유효하게 사용되지 않는 택지는 과감하게 농지로 전용하는 것을 제안하고 싶다. 그래서 그곳은 일단 충분히 복토를 하고 고도의 생산 시설화를 도모한다. 그리고 온실재배나 수경재배의 중점지역으로서 그 생산물을 고도 가공한다. 농업의 공업화인 것이다. 현 상태의 택지를 이용하여 수요가 적은 임대아파트 경영을 하거나 쓸데없는 자재 적치소나 주차장화 하는 것은 생각하지 말자. 그곳에서 생산된 부가가치가 높은 농산물이 지속적으로 출시되는 것이 이 토지의 안정된 수익원이 된다고 생각한다.

이 농지 전환의 토지이용을 실현하기 위해서는 몇 개의 순차적인 사업화가 필요할 것이다.

우선 이 세분화된 택지와 농지의 지적조사를 실시하여 그 형상, 규모, 소유관계를 명확하게 한다. 농지택지 교환이 토지소유 권리 이후 성립되면 새롭게 발생한 농지를 복합화해 큰 채소밭으로 한다. 그리고 그 농지를 경영의욕이 있는 농업생산 기업에 맡긴다.

고령자 대응

이번 재해는 초고령자의 피해도 많았다. 고령 병약자의 간호는 통상시라도 다수의 일손과 수당을 필요로 한다. 해일로 인하여 섬세한 간호와 의료 시스템이 한꺼번에 파괴되어 버렸다. 재해는 "사회 제일의 약자에게 제일 심각하게 덮친다"고 하는 냉혹한 사실을 우리에게 심어 주었다. 따라서 고령의 병약자는 재해에 제일 강한 지반조건의 장소에 제일 안전한 건축물을 만들어 그곳에서 생활을 보장받게 하는 것이 필요하다.

그리고 더욱 중요한 것은 재해시라도 병약한 고령자를 충분히 보살펴 줄 수 있는 간병인의 수가 확보되지 않으면 안 된다. 그런데 인구가 적은 농촌은 평상시에도 도시지역에 비해서 고령자의 비율이 높다. 게다가 산간에 존재하는 소규모 취락은 중심시가지에 비해 간호 서비스의 질이 낮은 편이다.

이와 같이 원래부터 의료조건이 불리한 지역에서 살고 있는 고령의 병약자가 재해에 직면하면 그 간호는 매우 곤란해진다. 피난처에서 정상인과 함께 조건이 나쁜 피난생활을 하게 되면, 한꺼번에 체력과 기력을 상실해 생명이 위협받을 수도 있다. 따라서 인구과소의 농촌에 거주하는 고령의 병약자는 평상시에도 인구집적이 많아 의료와 시설이 충분한 중심시가지의 간호시설로 이주하게 하여 거기서 질 높은 간호의료 서비스를 받게 하도록 하면 어떨까.

재해 시에는 고령인 병약자를 보살펴 주는 간호자의 수는 줄어든다. 간호자의 수가 한정된 상황에서는 소수 분산의 시설배치보다 일정한 수용력을 가지는 집중형 시설이 간호의 질을 유지할 수 있다. 피난처에 고령의 병약자가 옮겨져 본인의 인생과 관계가 없는 많은 타인이나 미디어에 생의 마지막 모습이 노출되는 비참한 상황은 피해야 한다.

고령인 병약자야말로 평상시부터 마지막까지 안심하고 간호를 받을 수 있는 시설에서 살아갈 수 있도록 해야 한다. 그러한 질 높은 서비스의 간호시설은 지역의 중심 시가지에 집중시키자. 만약 안전한 중심시가지가 해안의 취락이나 거리에서 멀면, 해안으로부터 20킬로미터 정도 떨어진 내륙부에 간호와 의료를 중심으로 하는 복지마을을 건설하면 어떨까? 부모를 그곳에 맡기면 자녀들이 생활하는 취락으로부터 멀어진다. 그러나 도로망을 치밀하게 정비해 두면 자동차를 사용할 수 있고, 부모가 있는 시설로 만나러 가는 시간은 그렇게 많이 걸리지 않을 것이다. 20킬로미터 떨어져 있어도 30분에 갈 수 있다. 재해 시에 중요한 것은, 자녀들이 병약한 부모의 간호에 대해 걱정을 하지 않으며 재해부흥에 노력할 수 있도록 하는 것이다.

식림에 대해

산리쿠 연안지역에서는 지금부터 더욱 더 고령화가 진행되고 인구는 감소할 것이다. 생산연령 인구가 줄어들게 되므로 어업이나 농업의 종사자가 줄어든다.

지형이 복잡하고 평탄부가 좁기 때문에 농지의 대규모화도 진행되지 않는다.

요컨대 생산성이 높은 농지에서도 제대로 된 생산활동을 할 수 없다. 따라서 산리쿠의 리아스식 지형의 장소에서는 택지화도 어려운 잉여 토지가 많이 발생된다. 이러한 토지는 식림을 할 수밖에 없다. 이때의 식림은 건축용재를 생산하는 침엽수가 아니라 바이오매스(biomass) 소재인 광엽수의 식림을 실시해야 한다.

즉, 산리쿠 지역을 옛날부터 땔감으로 사용하던 잡목림으로 만드는 것이다. 잡목림은 강물의 양분을 풍부하게 하고 어업을 번창시킨다고 여겨지고 있다.

산리쿠의 어민이 바다의 영양을 풍부하게 하기 위해서 손이 미치지 않았던 산속의 임지를 정비하고 식림을 해 온 것은 잘 알려져 있는 사실이다. 잡목림은 생육이 빠르고 벌채기가 짧다. 그 잡목림으로부터 벌채된 임목은 바이오매스 원료로 판매할 수 있다. 해일로 흘러간 시가지에 이와 같이 나무를 심고 잡목림으로 채워 나가면, 거기에 재건축되는 중층의 철근콘크리트조 건축물과 함께 새로운 어촌 경관이 탄생할 것이다.

숲을 만드는 다양한 방법 중 또 다른 하나로는 방조림이 있다. 이번 해일로 인해 리쿠젠다카타 시의 해안가에 있던 일본의 명승고적 다카다 마츠바라가 피해를 입었다. 여기는 에도시대부터 방조림으로서 소나무를 심어 7만 개의 송림을 형성하고 있었다. 그러나 거대 해일로 인해 대부분의 소나무가 쓰러졌다. 하지만 단 한 그루의 소나무만이 남았다. 이 소나무는 기적의 소나무로서 부흥의 상징이 되고 있다.

앞으로의 식림은 해일에 의해 흉기가 되는 것도 염두에 두어야 한다. 이번 해일에서 쓰러져 흘러간 소나무는 해안 호텔의 로비에 처박혀 건물에 피해를 주었다. 방재를 위해서 식림한 소나무이지만 흉기가 되어버린 것이다. 수마트라 섬의 지진과 인도양 해일의 최대 재해지인 반다아체(Banda Aceh)에서도 같은 피해가 있었다. 해안선에 식림한 방조림의 야자나무가 쓰러져 떠내려갔다. 부흥계획에서 방조림은 2단계로 준비될 수 있도록 하였다. 또한 해안선에서의 야자의 식림은 하지 않도록 하였다.

그 뒤 해일의 수세를 완화시키기 위한 방침으로 홍수림을 해안선에 식림하기로 했다. 야자나무는 해일의 기세가 약해지는 내륙에 식림하도록 했다. 이번 해일로 일본의 방조림도 이렇게 이중의 식림이 될 수 있도록 재검토해야 한다.

전문가의 활용

수해지역은 센다이와 같은 대도시로부터 산리쿠의 이와테 현 다노하타무라와 같은 소규모의 시읍면에 이르기까지 인구규모, 자연

조건, 산업구조가 크게 다르다. 각각의 시읍면 주민의 지역귀속 의식이 달라 토지이용도 천차만별이다. 따라서 현이나 국가에서 재해 시읍면에 일률적인 마을 조성을 지시하는 것은 피해야만 한다.

여기서 중요한 것은, 작지만 독립의식이 강한 산리쿠 지역의 시읍면에서는 이재민의 소리나 요청을 충분히 듣고, 그 시읍면의 독자적인 부흥계획을 세우는 것이다. 센다이 대도시권의 재해지에서는 주변 지자체와 정보를 공유하고 시읍면의 벽을 넘어 이재민의 생각이나 요구를 수용하는 것이 필요하다.

이와 같이 부흥을 위한 시읍면 계획은 지역의 실정에 의해서 천차만별이다. 한편, 부흥계획은 단기간에 완성해야만 한다. 그러기 위해서 우선 시읍면이 이재민과 주민으로 하여금 소수의 현지 대표자를 선정하게 한다. 소수라고 한 것은 다수가 모여 논의가 제대로 이루어지지 않아 결론이 나지 않으면 안 되기 때문이다.

또한 대표자는 고령자여서는 안 된다. 앞으로 수십 년이 걸리는 부흥을 짊어지고 가는 젊은 세대가 적극적으로 참가해야 한다. 물론 방재의 입장으로부터 계획 작성에 대해 분별해야 할 기본원칙은 나라가 분명히 명시하고, 시읍면의 계획은 그것을 고려해서 이루어져야만 한다.

그런데 작은 시읍면에서는 시읍면 계획을 어떻게 정리할까? 작은 시읍면에서는 이러한 내용을 숙지하고 있는 전문가가 없다. 따라서 현에서 도시계획 · 농촌계획에 능통한 재야의 전문가를 각각의 시읍면에 파견해 주민이 계획을 정리하는 데 있어 조견자 역할을 하도록 하는 것이 필요하다. 이러한 전문가의 지원에 의해서 작은 시읍면에서도 주민참가형의 부흥계획을 만들 수 있다. 그 계획을 현이나 나라에 제시해 현과 나라로부터의 재정적 · 제도적 지원을 요구한다. 그것이 이재민이 요구하는 시민형 부흥계획이라고 생각한다. 농촌사회에서 중요한 것은 통상적인 시읍면에 대한 계획을 만드는 것보다는 재해 입은 현실의 취락이나 시가지의 구체적인 부흥 프로젝트를 어떻게 진행시켜 나아갈 것인가 하는 것이다.

이 점에 대해서는 현이나 도시의 행정 담당자보다 다양한 경험을 가진 재야의 전문가 쪽이 훨씬 더 계획과 사업을 원활히 진행할 수 있을 것이다. 재야의 마을 조성 시에, 이제야말로 마을 만들기의 전문가를 충분히 활용해야 한다.

재해의 기억

일본은 재해가 많은 나라이지만 후세에게 재해의 상황을 교훈으로서 전하지 않는 경우가 있다. 해일의 높이를 나타내는 무덤이나 비석은 있지만 재해 상황에 대한 기록이 별로 남아 있지 않다. 해외의 예를 보면, 1976년 중국의 당산지진에서는 건물뿐만 아니라 재해지 그 자체를 교훈으로 남기고 있다. 중국은 국토가 넓고 사회주의국가이기 때문에 현장을 보존하는 것이 가능하지만 일본은 국토가 좁아 재해현장을 보존하기 어렵다고 생각해 버리는 사람들이 있다. 그러나 일본에서도 수많은 재해가 발생하는 동안 재해를 후세에게 전하기 위해 건물피해 등의 재해현장을 남기려는 노력을 조금씩 해왔다. 우스 산의 분화의 경우 건물피해나, 최근의 니가타현 나카고에 지진 시의 (구)야마코시 마을의 수몰취락이 남아 있다. 그 현장이 공개되어 많은 사람들이 방문하고 있다.

그리하여 실제로 재해지를 봄으로써 재해의 무서움을 교훈으로 삼을 수 있다. 이번 해일의 재해지도 후세에게 전하고 싶다. 그러나 이처럼 재해현장을 보존하는 관점에서 보면 민간의 건물이나 시설은 어려울 것이다. 솔직히 말해, 공공적인 시설도 남길 만한 여유가 없을지도 모른다. 그러나 그럴 여지가 없다고만 하면 시작하지 못한다. 아직 이재민의 구호가 최우선이어서 거기까지 생각할 수 없는 상황이기도 하지만, 재해지의 해체 · 철거작업이 진행되고 있으므로 재해의 기록으로서 재해 건물이나 재해지를 남기는 사항을 지금 검토하지 않으면 안 된다. 그리고 국가에서도 이 보존 프로그램의 중요성을 강조해 주었으면 한다.

다음은 해일의 교훈으로 남길 수 있을 가능성이 있는 것이라 생각한다. 그리고 이번 지진재해의 현장이 조금이라도 보존되어 후세에 남아 많은 사람들에게 보이고 구전되기를 희망한다.

〈남길 수 있을 가능성이 있는 것〉

① **해일의 높이를 알 수 있는 것** : 배가 올라 탄 집이나 침수고를 알 수 있는 집, 해일의 높이를 알 수 있는 수목 등.

② **해안 철도의 피해** : 해일의 영향을 받은 선로 등을 일부분이라도.

③ **파괴, 전도한 방조제** : 해일의 힘을 알 수 있도록 전도한 방조제 등.

④ **육지에 올라앉은 배** : 자료관으로 이용가능한 해일의 영향으로 안쪽까지 올라앉은 배 등.

⑤ **저지대에서 피해를 받은 공장** : 해일의 피해를 직접 받은 공장이나 화재가 된 공장 등.

⑥ **원자력발전소** : 폐로가 된 원자로 등.

각 지자체에서 1개소씩 남긴다면, 점이 선이 되듯 이번 산리쿠 연안의 해일재해의 전모를 이미지화 할 수 있다.

일본은 재해가 많은 나라이다. 피해상황을 보존하고 있는 일본 내 지역이 네트워크를 구축해 세계의 많은 사람들에게 재해에 대한 경각심을 일깨워 주고 싶다.

2-2 앞으로의 재해지를 보다 강한 거리로 만들려면

이토 시게루(와세다 대학 특명교수)
미후네 야스미치(공학박사, 1급건축사)

마을 조성의 3원칙

세계의 여러 나라 중에서도 재해의 위험성이 아주 높은 곳이 일본이다. 그렇다면 일본에서는 재해로부터 생명과 재산을 지키기 위한 토지이용이나 건축행위에 대한 규제나 지도는 제대로 실시되고 있었을까? 라는 물음에 대한 답은 "아니오"이다.

왜냐하면 일본은 농업용의 토지 외에는 어느 장소에라도 건물을 지을 수 있는 건축 자유의 나라이며, 지극히 한정된 방화지역을 제외하고 모든 장소에서 목조 건축물의 건축이 허용되는 나라이기 때문이다. 건축금지를 원칙으로 하는 유럽 제국과는 달리 일본은 건축 자유의 나라이다. 물론, 공업전용 지역이라든지 제 1 종 저층 주거지역이라든지, 토지이용의 종류에 따라서는 한정적인 용도의 건물밖에 지을 수 없는 지역이 있다. 그러나 건축행위를 모두 금지하는 도시계획상의 규제가 일본에는 없다. 이번 해일재해를 통해 일본의 건축 자유원칙은 매서운 값을 치렀다.

또한 우리는 이 거대한 해일을 통해 일본 고유의 건축형식인 단독주택 목조 건축의 존재에 대해 다시 생각해볼 수밖에 없다. 이 큰 해일은 연안도시의 목조 가옥을 완전히 삼켜 버렸다. 새로 지어 비교적 내진성이 있는 집, 낡아서 내진성이 없는 집은 그 튼튼함에 관계없이 모든 목조 가옥은 무너져 내렸다.

이 사실에 의하여 일본인이 지금까지 생각하던 일본의 일반적

도시상은 근본부터 부정되고 있다. 일본의 도시, 특히 지방도시는 극히 한정된 중심부를 제외하고 목조 단독주택으로 구성되어 있다. 즉, 일본의 도시는 목조 도시이다.

지금까지의 대화재 · 대지진 · 고조(高潮) 등의 대재해의 뒤에도 목조 가옥이 계속 지어져 왔다. 물론 전후 반세기에 걸쳐 목조 건축의 내화성과 구조적 보강을 위한 기술적 개선도 행해져 왔다. 사실 이번 동일본 대지진에서도 해일의 영향을 받지 않았던 돈대(墩臺)역자주-평지보다 높직하게 두드러진 평평한 땅에 지어진 목조 가옥은 무너지지 않았다.

가장 강한 진도를 나타낸 미야기 현 구리하라 시에서도 새롭게 지어진 목조 건축의 도괴(倒壞)는 없었다. 어떤 지진에도 최근 지어진 목조 가옥은 잘 버텨냈었다. 그러나 해일은 목조 건축의 존재를 인정하지 않았다. 해일은 최근의 내진성이 높은 목조 가옥도 간단하게 파괴해 버렸다.

목조 건축물의 집이 늘어서 있는 것은 아름답다. 그러나 해일의 엄습이 예상되는 저지에서는 향후 목조 가옥이 지어지지 않을지도 모른다. 지붕기와를 얹은 나무 마름질이 아름답게 축조된 목조 가옥이 늘어서 있는 거리풍경은 일본 풍토의 본래 풍경이기도 했다. 하지만 해일의 피해가 미칠 가능성이 있더라도 거리 몇 개의 장소에 목조 시가지를 남기지 않으면 안 된다.

재해와 건물의 관계에 대해 길게 기술을 했지만, 거대 재해로부터 인명과 재산을 지키는 미래의 도시 만들기에 대해서 산리쿠의 거대 해일을 교훈으로서 다음 세 가지 원칙을 여기에 명시하고 싶다.

(1) 건축 부자유의 원칙

첫째, 건축 자유의 원칙은 이미 버릴 것, 건축 부자유의 원칙과 지형이나 지질, 지반이라고 하는 지질학적 조건을 중시한 새로운 토지이용 규제를 제정해 건축 가능한 장소를 지정하는 것.

(2) 저지대는 철근콘크리트조

둘째, 부득이하게 업무장소로서 지정해야만 하는 하천이나 해안에 가까운 저지에서는 목조 건축물을 금지할 것, 그리고 규모가 크고 중량이 무거운 철근콘크리트 조건의 건축만을 허락하는 것.

특히 건축을 허가하는 장소와 거기에 지어지는 건축물의 높이(계단)는 입체적 혹은 평면적인 피난의 용의성에 따라(예를 들어 층수는 5층[20미터] 이상이라든지, 돈대로부터 500미터 이내의 토지라고 하는 지시).

(3) 방재지역제

셋째, 방재지역제이다. 이 점에 대해서는 이미 이전에 언급하였으므로 여기에서는 생략한다.

혼재와 분리

지금까지 일본의 도시와 농촌의 중심시가지에서는 사람들의 생활과 일이 혼재하고 있었다. 시가지에는 목조 주택으로부터 철골조 건축, 철근콘크리트조 건축까지 다양한 구조의 건축물이 모여 있었다.

그 다양함이 우리 생활의 본질이었다. 거대 자연재해는 거의 염두에 두지 않았다. 동일본 대지진은 이렇게 혼재된 일본인의 생활과 업무양식을 부수어 버렸다.

안전하기 위해서는 업무와 생활을 분리해 일하는 사람은 생명의 위험을 각오하고서 직장으로 향하고, 가정을 지키는 사람들은 가급적 위험한 장소에서는 생활하지 않는다는 사회 통념이 이번 지진재해로부터 태동하게 되었다.

이 통념이 정착되면 일본식 토지이용의 특징인 혼재는 점차 사라지게 된다. 즉, 직장과 주거지는 다른 장소에 분리해 둔다는 생각이 일반화 될 것이다. 직장과 주거가 일체화 되어 있던 어촌사회에 이러한 통념이 적용되는 것은 사회적 비극일지도 모른다.

하지만 분리는 말하기는 단순해도 분명 간단하지 않은 일이다. 바닷가에서 일하는 사람들을 대상으로 한 제조가공이나 음식과 같은 물건 판매업과 그 외에 다양한 서비스업을 하기 위해서는 아무래도 거기서 거주하며 생활하는 사람들이 필요하게 된다.

이와 같이 업무의 장소에서도 일과 결합되는 생활(야간) 인구가 필요한 것이다. 즉, 분리라고 해도 거기에 새로운 혼재가 발생한다.

그리고 거주지를 위한 장소에서도 작은 직장(예를 들어 공무점, 편의점, 식품 가공장 등)이 발생한다. 이러한 장소는 거주하기에는 안전한 장소이지만 업무를 수행하는데도 적합한 장소이다. 여기에서도 혼재가 발생한다. 이와 같이 일본의 도시에서 명확한 토지이용 분리란 있을 수 없다. 반드시 혼재가 일어난다. 그리고 이러한 혼재가 있었다고 해도 사전경보를 철저하게 하는 등의 소프트웨어적인 면을 보완해 시민의 안전이 보장된다면, 그 혼재는 인정될 수 있을 것이다.

하지만 동북 연안의 안전을 확보하기 위해 혼재라는 생활문화에서 직장과 주거의 분리 문화로 바꾸려는 움직임은 동해, 동남해, 남해라고 하는 미래에 발생할 수 있는 거대 지진 때문이라도 지금부터 검토하지 않을 수 없을 것이다.

복구와 부흥의 스피드업

부흥계획은 10년 이상의 장기간을 목표로 하는 계획이다. 그러나 이재민은 앞으로의 거주지와 업무장소를 요구하고 있다. 이 절실한 요구를 어떻게 부흥계획에 끼워 넣는가에 따라 부흥계획에 대한 이재민의 평가가 양분된다.

시간이 걸리는 계획은 그림의 떡이 될 위험성이 있다. 당면한 우선 과제는 산을 개척하여 주택지를 높은 곳으로 이전하는 작업이다. 토지권리자와의 조정, 라이프라인의 정비, 급경사지를 평탄하게 하는 택지조성 공사의 어려움을 생각하면 3~4년 이내에 주택지를 높은 곳으로 이전하는 것이 가능할 것이라고 보기는 없다.

그러므로 이 높은 곳에 주택을 건설하기 전에 제1단계로서 중심시가지에 내파성이 높은 4~5층 건물의 사무소와 주택을 복합한 철근 콘크리트조 건축물을 많이, 그리고 신속하게 건설할 것을 제안하고 싶다. 4~5층 건물의 철근콘크리트조 건축물의 내파성능이 높은 것은 이미 재해지에서의 분석결과를 통해 확인되고 있다.

이 건물의 거주자는 어업이나 제조업에 종사하는 사람들이다. 재해를 받은 시가지의 도로는 그대로 복원할 수 있고, 하수나 수도·가스 등의 라이프라인을 보수하면 금방이라도 사용 가능하다. 우선은 내파 건축물을 건물군으로 만들고 이곳에 업무 공간을 재건하자.

부흥의 순서는 중요하다. 먼저 업무 공간을 확보하고 나면 돈대(높은 곳)에 생활의 장소 만들기에 착수한다. 제2단계는 이 중심시가지를 둘러싸는 표고의 높은 장소에 3층 이상의 철근콘크리트조의 집합주택 건설을 허용하는 것이다. 3층 건물 건축의 높이는 일반적으로 10m를 넘는다. 이를 통해 대지 표고 10m + 건물높이 10m로 해면으로부터 20미터 높은 장소에 피난장소를 마련할 수 있다. 이곳의 거주자로는 해안에 접한 저지대에 있는 업무 장소에서 일하는 사람들과 그 가족으로 하고, 고령자는 제외한 것으로 하자.

이상으로 부흥의 순서에 대한 제안을 했지만, 요점은 복구와 부흥은 다른 사업이 아니라 동시 병행으로 진행되는 사업이라는 것을 주장하고 싶다. 한신 · 아와지의 대지진의 부흥도 그 대부분은 복구의 일이었다. 그리고 그것들이 모여 부흥의 모습으로 나타났던 것이다. 바라건대, 복구의 구체적인 순서를 신속하게 결정하는 등 빠르게 움직여 주기를 바란다. 건축금지라는 상태 그대로 둘 경우 이재민은 고향을 버리게 된다.

장래의 인구 예측과 부흥계획

이번 거대 해일은 1000년에 한 번의 빈도로 일어나는 규모의 해일이었다. 그러나 1000년에 한번이라는 것은 확률론적으로 본 빈도이므로 1000년이 지나지 않더라도 100년 후, 200년 후에 일어날 수도 있다. 우리는 일정 이상규모의 지진의 발생확률이 100년에 1회로 생각할 경우, 20년, 30년 후에 그 지진이 일어날지도 모른다고 하고 대책을 생각한다. 시즈오카 현이 대응방침의 모델로 세우고 있는 스루가 만(灣) 대지진(동해 지역)은 그 예에 들어맞는다.

한편, 도쿄를 덮치는 거대 지진은 200년에 1회의 확률로 일어난다고 한다. 그리고 거대 지진이었던 관동 대지진으로부터 이미 100년이 지났다. 현재 정부는 진지하게 100년 후에 올 지진에 대한 그 대책을 생각하고 있다. 보통 시민 또한 100년 후 정도에는 다시 올 것을 일단 목표로 하여 그 대책을 생각하려고 하는 것이 일반적이다.

그렇다면 100년 후의 일본은 대부분 지금과 같은 사람의 수가 살고 있을까? 그렇지 않다. 일본의 총인구는 감소를 계속하고 있다. 아마 100년 후의 총인구는 높게 추측해도 6,500만 명 정도, 그리고 이대로라면 200년 후의 일본인은 일본 열도에 살지 않을 것이라는 예상치도 있다. 동북지방은 전국에서도 인구감소가 심한 지역이다. 이 지역에 급격한 인구감소가 진행중에 있으므로 앞으로의 인구와 세대를 전제로 해서 100년 후의 방재계획을 세워 그것을 사업화 해야 할 것이다.

현재의 인구와 100년 후 해일의 규모를 가늠하여 방조제나 돈대의 주택용지를 계획했다고 하자. 그 사업이 20년이나 30년이 지나 완성되었을 때, 그 시읍면의 인구가 반감하고 있었다면, 이 부흥 사업은 효율적으로 집행된 것일까?

게다가 지금까지의 대재해에서는 재해지역의 인구는 회복되지 못했다. 한신 · 아와지 대지진에서도 니가타 현 나카고에 지진에서도 재해지역의 인구는 회복되지 못했다. 이러한 대재해는 인구집적이 많고 비교적 고용의 기회도 큰 지역에서 발생했다. 그런데도 인구는 감소했다. 하물며 산리쿠 연안지역은 업무에 있어서나 생활면에서 조건이 불리한 지역이다. 이 대재해가 일어나지 않아도, 이 지역의 인구는 향후 20년간에 20퍼센트 정도는 감소한다고 추정되고 있었다.

이에 비해 센다이 평야의 재해지는 인구집적이 많은 센다이 대도시권에 속하고 있다. 여기에서는 고용이나 업무의 기회는 많고 지역 내외의 교류도 증가추세에 있었다. 그 때문에 향후에도 인구는 감소하지 않을 것이라 생각된다. 이와 같이 재해지역의 미래는 회복력이 강한 센다이 평야지역과 회복력이 약한 산리쿠 연안지역의 예와 같이 그 모습은 완전히 달라진다.

다시 한 번 산리쿠 연안지역에 대해서 생각해 본다. 원래 이 지역의 고령화율은 높다. 평상시라도 청년인구는 감소하고 있다. 지역 외와의 사회교류 증감은 항상 마이너스이다. 이곳으로부터 전출하는 청년인구는 계속 증가하는 한편, 자연 증감은 고령자의 사망 증가 등으로 감소를 계속하고 있다. 이번 대지진으로 재해지역의 대부분의 사람들은 일시적으로 재해지 밖으로 이주하였다.

만약 이들이 강건한 사람들이라면, 그 일시 거주지의 장소에서도 일정기간의 고용이 확보되면 그 지역에 정착할 것이다. 그러므로 재해지에 잔류하는 사람들은 초고령자와 고령자가 대부분이라는 것이 된다. 20년 후에는 이러한 고령자는 차례차례로 생애를 마친다. 그리고 그 후계자는 현지로 귀향하지 않는다. 이와 같이 생각하면, 이번 이 재해를 받은 조건 불리 지역에서의 인구감소가 가속화하는 데에 대해 그 감소 경향을 저지할 수 없을 것이라고 예측할 수 있다. 그 외에 부흥사업이 장기화할 가능성이 있다면 인구감소는 한층 더 급격해질 것이다.

인구감소와 관련된 또 다른 문제는 재해지역에 신속하게 주택을 건설할 수 없다는 것이다. 장래의 해일을 예상하고 거주지는 돈대에 만들어야 한다는 거주와 이주의 방침이 정해졌다. 이것은 수많은 소규모의 택지조성을 진행시킬 것이다. 그리고 이 택지조성이라고 하는 사업은 주택용지 취득과 거기에 계속되는 도로나 라이프라인의 건설에 많은 시간을 필요로 한다.

새로운 주택단지가 건설될 때까지 짧게는 3년, 길게는 10년의 세월을 필요로 한다. 이재민은 과연 단지가 건설될 때까지 수많은 시간을 기다려 다시 그 시읍면으로 돌아오려 할 것인가. 주택지 건설이라고 하는 장시간을 필요로 하는 사업을 위해서 이재민은 기다리기보다는 임시의 거주지에 정착하려 할지도 모른다.

이것을 생각하면 산리쿠 연안 재해지의 장래 인구 감소율은 평상시의 20퍼센트를 한층 더 웃돌게 될 것으로 예상된다. 그 값은 40~50퍼센트에 이를지도 모른다. 어쩌면 작은 후미에 있던 수십 호 정도의 어촌들은 소멸할지도 모른다. 돈대(墩臺)에 주택 부흥계획을 하는 원칙은 좋다고 하더라도, 구체적인 주택 건설의 단계가 되면 그 택지조성의 규모와 건축호수는 부흥계획 책정 시보다 크게 밑돌 가능성이 있다. 단독주택보다 바닷가 가까운 곳에 만들어지는 고층의 집합주택 건설에 빨리 착공하고, 그 수요상황을 보면서 돈대의 주택단지 건설은 작고 계속적으로 진행하는 편이 좋을 것이다. 부흥계획은 인구 예측과의 관계로부터 무리하지 않고 손이 닿는 범위에서 조금씩 계속적으로 실시하는 것이 옳다.

2-3 동일본 대지진의 복구 · 부흥은 지금까지의 지진재해와 무엇이 다른가?

재단법인 도시방재연구소

동일본 대지진으로 인하여 이와테 현, 미야기 현, 후쿠시마 현을 중심으로 이바라키 현, 지바 현, 아오모리 현 6현에 걸쳐서 피해를 입었고 도쿄 도, 가나가와 현, 사이타마 현, 도치기 현에서도 일부 지진에 의한 피해가 있었다. 이 정도 규모에 걸친 피해는 제2차 세계대전 이후 유례가 없었던 일이다. 이 상태에서의 복구 · 부흥은 지금까지와는 다른 많은 과제를 던져주고 있다.

3월 11일에 동일본을 덮친 해일 · 지진에 의한 피해의 개요와 재해지역의 특징을 근거로 복구 · 부흥을 진행하는 데 있어서의 과제에 대해 정리해 본다.

지진재해에 의한 구조물의 피해

동일본 대지진에서는 해일이 재해지를 대규모로 침수시켜 건물 용지에 차지하는 침수율이 최대 65퍼센트(미야기 현 동쪽 마츠시마 시)를 넘었다. 전체가 파괴된 주택의 총수는 8만 호를 넘고 취락을 지켜 온 방조제 등의 구조물도 해일 · 지진에 의해 광범위하게 큰 피해를 입었다.

(1) 건축물의 피해

목조 건축은 기초만 남겨두고 휩쓸려간 상태이다. 유출된 상부 구조는 쓰레기가 되어 다른 건물에 피해를 입히며 내륙에서 대량의 퇴적물이 되었다. S조의 건축은 주 구조부는 견뎌냈지만 벽면을 지탱하는 강재가 벽면 패널과 함께 파손되는 등, 벽면이 해일에 견디지 못하여 RC조보다 그 피해가 더 큰 것을 알 수 있었다. 최근 건설된 RC조의 건물은 4~5층까지 해일의 직격을 받아도 기초나 주 구조부가 건물을 지탱하고 있는 것이 많아 RC조의 해일에 대한 강인함이 확인되었다.

(2) 토목구조물의 피해

① 방조제 뒤편이 월파(越波)로 파손되어 무너짐

각지에서 지금까지 정비되고 있던 방조제가 설계 수위를 넘는 높이의 해일로 인해 파괴되었다. 해일의 직격으로 방조제 자체가 밀려 무너지는 경우보다도 밀려든 해일이 방조제 배후의 법면이나 지반을 침식해, 이것이 도괴를 일으키는 사례가 많이 발생하였다. 설계 수위를 넘는 해일이 발생했을 때의 대책은 지금까지의 설계에는 포함되어 있지 않았다.

② 지반침하로 방조제 높이가 낮아짐

지진 직후, 해안부의 각처에서 1미터 이상의 지반침하가 있었던 것으로 확인되고 있다.

이것이 사실이라면 해일의 내습 때 방조제의 높이는 예상 수위보다 1미터 이상 낮았던 것이 된다. 지반침하에 의한 방조제의 침하는 지금까지의 방조제 설계조건에는 포함되지 않았다.

③ 철도교각의 침하가 하천 제방의 무너짐을 유발

JR야마다선이 하천을 횡단하는 지점에서 낡은 철교의 교각이 침하해, 이것이 하천 제방 접합부의 침하를 유발한 것으로 보인다. 관리자가 서로 다른 철도교량과 하천 제방, 두 가지 시설의 접점에서 복합적인 결함이 생긴 경우이다.

④ 매립지 지반 액상화

각지의 임해공업단지 등에서 액상화가 발생했다. 근래에 들어 문제시 되어 온 것이지만, 이것이 직접적인 해일 피해를 받지 않은 지역에 있는 산업시설 피해의 원인이 되었다.

⑤ 어업시설 피해

육지로 밀려오거나 바다 속으로 전복 좌초한 선박의 피해, 어망이나 활어조의 피해, 안벽(岸壁. 물가의 벼랑)이나 방파제의 손괴, 시장, 육지 시설의 손괴 등 생산재 피해 외에도 육지로부터의 환류에 의한 해수면 아래 장애물이나 표류물, 어장의 해저환경 등에도 변화가 있다.

(3) 도시 인프라의 피해

① 계획 정전 실시

다수의 원자력발전소 및 화력발전소의 기능이 정지했기 때문에 넓은 지역에서 계획정전을 피할 수 없게 되었는데, 이것은 이번 동일본 대지진에서 처음으로 경험한 피해이다.

계획정전은 재해지 이외의 지역에도 그 산업에 큰 영향을 미쳤다.

② 수돗물 방사능 오염

원자력발전소로부터 확산된 방사성 물질이 원거리 지역에도 방사능 오염을 가져온 것은 지진피해의 새로운 측면이다.

③ 해일재해로 전봇대의 도괴 다수

지진으로 전력선이 끊어져 피난 시에 감전의 위험을 가져왔던 것뿐만 아니라 접힌 전봇대가 도로를 막거나 인근의 건물을 향해 넘어지는 등의 피해가 많았다. 시가지의 전선 지중화는 거의 진행되어 있지 않지만, 이것을 계기로 지중화를 검토할 필요성이 재인식되었다.

(4) 해일피해의 특성

① 직격 지구는 사체나 재산이 광범위하게 흩어짐

해안에서 가까워 해일의 직격을 받은 지구는 건물의 1층 마루만을 남겨두고 씻겨 흘러가 버린 상태다. 내륙지진이나 화재피해의 경우, 개인의 재산은 대부분은 원래 부지 상에 있지만, 해일에 휩쓸려간 사체나 재산은 먼 곳까지 옮겨져 해일의 약해지는 오지에 퇴적되어 있기 때문에 수색이 곤란하다.

② 대량의 유실물, 습득물

해안 부근의 이재민들은 금고나 앨범 등 휩쓸려간 소유물들을 찾아 헤매고 있다. 하지만 퇴적물에 둘러싸인 주변부에서는 빨리 쓰레기를 철거하고 싶다고 하는 요청도 있다. 현지에서는 현금 등의 습득물이 대량으로 신고되고 있다.

현행법에서는 3개월이 지나면 습득자에게로 소유권이 넘어가지만, 이 기간에 원래의 소유자가 나설지, 유실했다는 사실을 증명할 수 있을지 등의 다양한 문제가 남아있다.

③ 침수지구 경계의 눈에 띄지 않는 피해

침수지구 경계나 평지에서 산 중턱에 이르는 지역은 해일로 인한 직접 재해지구에 비해 별로 눈에 띄지는 않지만 특이한 재해의 형태가 보인다. 예를 들면 바로 아래의 옹벽이 침수로 파손되어 상부 건물의 기초가 비뚤어져 붕괴의 위험이 있는 경우, 진입로가 휩쓸려가 버려 건물에 진입할 수 없는 경우, 정원에 쓰레기 등이 퇴적해 있는 경우, 수도나 전기가 침수지구 측에서 크게 파손되어 있는 경우 등, 외관으로는 잘 파악하기 어려우나 지진에 의한 건축물의 피해가 크다.

④ 건축물의 재건

한신 · 아와지 대지진 등에서는 도괴하거나 화재가 난 건물을 철거하고 나면 일단은 소유지에 건물을 재건하는 것이 가능했지만 해일 재해지에서는 방조제의 복구, 전기, 수도, 하수도 등 대규모의 재구축, 지질 형상의 변화에 의한 부지경계의 재확인 등 복합적이고 다양한 준비가 필요하다.

⑤ 유해물질의 유출

후쿠시마 제1 원자력발전소의 방사성 물질 유출을 시작으로, 도괴 건물의 아스베스토스(asbestos) 분진 발생, 유독 화학약품 등의 저장시설에 의한 유출, 내륙으로 밀어 올려진 선박으로부터의 연료 유출 등, 각지에서 2차 피해가 발생하고 있다. 이번 지진피해의 특징은 각지에서 다양한 오염피해가 복합적으로 발생하고 있다는 것이다.

(5) 원자력발전소 사고의 복합적 요소

① 피난의 장기화

원자력발전소 피난구역의 피난민은 장기간에 걸쳐 귀가할 수 없는 상황이 확실해지고 있다. 시읍면 단위의 난민이 발생해 그 생계 안정화를 위해서는 대규모 이주정책이 필요하다.

② 실내 대피구역의 장기화

상황은 날마다 변화하고 있지만, 실내 대피의 장기화는 지금까지는 경험해본 적이 없는 것이어서 정신 의학적 관점에서도 새로운 과제가 되고 있다.

재해지역의 특징과 산업에의 영향

미야기 현, 이와테 현, 아오모리 현은 특히 산지에 둘러싸인 좁은 후미에 각각 독립한 시가지가 분산되어 있는 지역이 많다(그림 1). 지역 산업의 핵이 되고 있는 항만, 임해공업지대, 농지는 연안저지대에 집중되어 있어 이 지역들이 해일에 직접적으로 피해를 입었다. 이로 인해 지역생활의 양식이 되는 산업이 없어져서 향후의 생활 재건이 곤란한 지역이 많다.

(1) 재해지역의 특징

① 해일재해 경험이 있는 지역

해일재해지역은 과거에 해일피해를 경험했던 지역이 많아 주민들의 해일에 대한 위험 인지도가 높고 학교, 각 구별 단위로 피난훈련도 행해지고 있었다. 이러한 방재활동은 동일본 대지진의 인적 피해의 경감에 어느 정도는 효과가 있었다고 생각된다.

② 쇠퇴 경향이 있는 지방도시의 재해

동북지방 연안부에는 규모가 좀 큰 도시도 종래부터 인구의 과소화, 상가의 쇠퇴 등의 경향에 직면하고 있는 경우가 적지 않다. 시가지 중추기능의 재해를 계기로 도시로서의 기능이 붕괴되고 고스트 타운이 되어버리는 것이 우려되는 바, 도시의 계획적인 재배치라고 하는 시각도 필요한 것이 아닌가 생각된다.

지진재해 복구 · 부흥에 있어서는 장거리의 보급선 확보, 방대한 물자와 인원의 조달, 주변 지자체의 지원체제 등으로 인해 재해지가 광역적으로 확대되는 것을 무시할 수 없게 되었다. 또

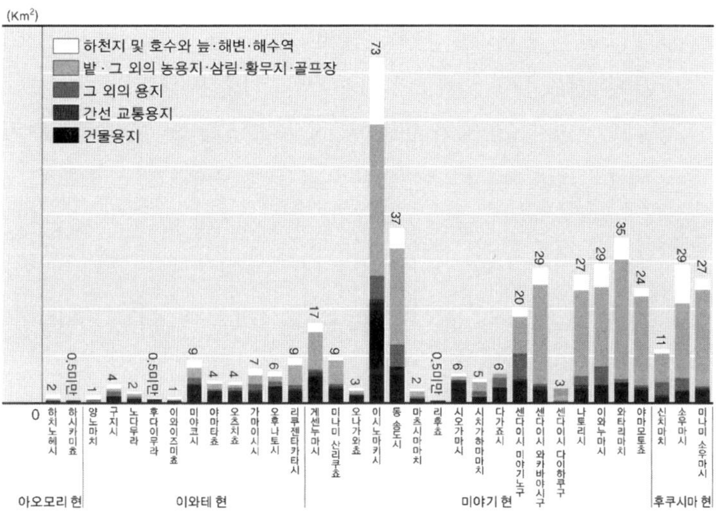

그림 1 동일본 대재해의 시읍면별 해일침수지역의 토지이용 면적

재해지의 시읍면은 인구규모가 비교적 소규모여서 복구, 부흥을 위해 많은 자금과 인적 자원을 외부로부터 투입할 필요가 있다.

③ 마이카에의 생활 의존(자동차 스케일의 생활권)

지방에서는 통근이나 쇼핑 등 일상적인 생활 활동에 자동차는 필수불가결한 사회현상이 되고 있다. 이번 해일 재해지는 특히 그 경향이 현저하다. 재해에 의해 자동차를 잃은 주민은 도시지역보다 일상생활에서 심각한 불편이 따르게 된다. 부흥에는 자동차나 혹은 거기에 대신하는 지역 교통수단의 대응책이 필요하다.

④ 고령화, 한계 취락에 가까운 취락의 재해

해일피해를 당한 소규모의 취락에서는 이전부터 문제되었던 고령화와 인구 과소화가 한층 더 심각해져 남겨진 주민들로서는 취락의 공동시설 관리나 커뮤니티 생활을 유지할 수 없게 되고, 주택이나 농지가 남아 있어도 더 이상 살아갈 수 없는 사태가 발생한다. 이 상황은 니가타 현 나카고에 지진이나 이와테 미야기 내륙 지진 등에서도 볼 수 있었던 경우인데, 동일본 대지진에서는 넓은 지역에 걸쳐 피해가 있었기 때문에 다수의 취락에서 커뮤니티의 지속과 유지가 곤란하게 될 가능성이 있다.

(2) 지역산업 등의 피해

한신·아와지 대지진에서는 17개의 항구, 213헥타르의 농지가 피해를 입었다. 동일본 대지진에서는 300개 이상의 어항, 2만3,600헥타르의 농지가 피해를 입어 재해지역을 지지해왔던 어업, 농업 등의 주요산업에 막대한 손해를 가져왔다(표 1).

<table>
<tr><th></th><th colspan="2">동일본 대지진</th><th colspan="2">한신·아와지 대지진</th></tr>
<tr><td>사망</td><td colspan="2">1만4,728명</td><td colspan="2">6,434명</td></tr>
<tr><td>행방불명</td><td colspan="2">1만808명</td><td colspan="2">3명</td></tr>
<tr><td>어선</td><td colspan="2">2만 2,000척 이상</td><td rowspan="7">효고</td><td>40척</td></tr>
<tr><td>어항</td><td colspan="2">300 이상</td><td>17</td></tr>
<tr><td>농지</td><td colspan="2">2만3,600ha</td><td>213.6ha</td></tr>
<tr><td>피해액</td><td colspan="2">16–25조엔</td><td>9.9조엔</td></tr>
<tr><td rowspan="3">(참고)
지진재해 전의 현(縣)과 국민 경제 계산(엔)과 전국 비율(%)</td><td>이와테</td><td rowspan="3">20조 7,130억엔
3.96%
(2007년도)</td><td rowspan="3">20조 2,890억엔
4.18%
(1993년도)</td></tr>
<tr><td>미야기</td></tr>
<tr><td>후쿠시마</td></tr>
</table>

표 1 동일본 대지진과 한신·아와지 대지진의 피해 비교(2011년 5월2일 현재)

① 광범위한 대규모 어업 피해

수백 킬로미터에 이르는 해안선에서 어업이 괴멸상태가 되어버렸다. 어선이나 어망, 활어조 등의 피해, 안벽이나 방파제의 손괴, 시장, 가공시설, 내륙시설 손괴 등의 피해가 있었다. 그 외에 내륙으로부터의 환류로 인해 해수면 아래의 장애물이 발생하거나 표류물, 어장의 해저환경 등에도 변화가 있었다.

② 전답의 침수에 의한 농업의 지속

재해지에는 농업용지가 해일에 의한 침수를 면할 수 없었던 지역도 많이 있었다. 침수해 버린 농지의 상당수는 염분의 피해를 입어 농지로 재생하는 것이 어려운 상황에 놓이는 등, 농업을 계속하는 것이 곤란해진 사례를 많이 볼 수 있었다.

③ 공업 피해

동일본 대지진은 자동차 부품을 시작으로 다양한 공업제품의 제조과정에 있어서 동일본이 큰 역할을 담당하고 있었다는 것을 재인식시켜 주었다. 임해 공업단지의 재해지가 복구에 많은 시간과 자금을 필요로 하고 있다. 이는 일본의 공업생산 체제에도 큰 영향을 끼친다.

2-4 지역 · 국토계획적 관점에서 생각해보는 원자력 재해

이토 시게루(와세다 대학 특명교수)
미후네 야스미치(공학박사, 1급건축사)

원자력 재해가 지금까지의 지역계획 또는 국토계획을 뿌리부터 흔들어 버렸다. 우리들은 위기관리를 중심으로 한 지역 · 국토계획을 생각하지 않을 수 없게 되었다. 전 국토의 연안부에 50개가 넘는 원자력발전기지가 설치되어 있다. 이러한 원자력발전기지 중 어느 한 곳에서 이번과 같은 사고가 일어난다면, 기지 주변의 광범위한 지역은 긴 세월 동안 사람이 살 수 없게 될 것이라는 것이 명백해졌다. 이러한 지역에 거주해 온 사람들은 어떻게 해서 새로운 주거와 취업을 확보할 것인가?

이 과제는 해일재해지역과는 완전히 별개의 관점에서 생각하지 않으면 안 된다. 해일재해 지역의 이재민은 재해지역에 지금까지의 삶과 일의 터전 모두가 있다. 따라서 빠른 시일 내에 그 장소를 거점으로 하여 그 이후의 생활을 꾸려나갈 수 있다. 이에 비하여 원자력 발전 주변의 이재민은 장기간 동안 지금까지의 생활터전으로 돌아갈 수 없다. 이 장기간이라고 하는 것은 30년이나 50년의 시간이 될지도 모른다.

왜냐하면 원자력발전기지로부터 발생하는 방사능의 양이 향후 급속하게 감소하지는 않기 때문이다. 특히나 지금까지 계속 축적되고 있는 방사선량 자체가 급속히 감소한다는 것은 있을 수 없다. 세슘 137의 반감기는 30년이라고 한다. 세슘 기원의 방사선량이 현재의 10퍼센트까지 저하하는 데 100년 가까운 세월이 필요하다.

만일 방사선량이 향후 몇 년 동안 극적으로 저하해 거주에 지장 없는 상황이 되었다고 해도, 거기서 통상의 농업이나 낙농업을 할 수는 없다. 원자력 재해의 평가가 체르노빌과 같은 레벨 7이라고 하는 사실에서 볼 때, 그 지역에서 생산되는 제1차 산업의 생산물이 소비시장에서 받아들여지지 않을 것이기 때문이다. 위기관리의 관점에서 보면, 향후 수 년 안에 이재민이 지금까지의 거주지에 복귀해 생산 활동을 개시한다는 계획은 매우 곤란하다.

그렇다면 어떻게 하면 좋은 것인지의 대답은 하나라고 생각한다. 후쿠시마 현의 안이나 근처 현의 어느 쪽인가에 새로운 거리와 마을을 만드는 것이다. 동북지방의 산간지에는 이미 인구가 감소해 농업 경영이 침체되고 있는 지역이 많이 있다. 이러한 지역 중에서 농업생산성의 잠재력이 높은 지역을 선별하여 거기의 휴경지나 잡목림을 새로운 농업용지로 재생하는 사업을 국가에서 앞장서 실시하고, 이재민들의 지혜와 경험을 살릴 수 있는 새로운 전원형 마을 조성과 마을 만들기를 시급하게 진행하면 어떠한가?

혹은 즉시 효과를 볼 수 있는 방법으로는, 이미 택지 조성되고 있는 지역개발형의 수면형 뉴타운(예를 들어 니가타 현의 나가오카 뉴타운이나 야마가타 현의 야마가타 뉴타운)에 주거를 우선 확보하여 그 근처에 농업이나 낙농용지를 조성해 통근형의 새로운 농업 경영을 시도해보면 어떨까?

새롭게 만들어지는 거리나 마을에는 이재민이 살고 있던 도시와 시골을 통합한 이주정책이 필요하다. 예를 들면 지도를 기초로 한

판단이지만, 니시시라카와 군의 시라카와 고원이나 아이즈 분지의 구릉부, 그리고 스이군선 연선(沿線)에서 그러한 장소를 찾아낼 수는 없을 것인가? 단호한 결단을 피해자들에게 보여주지도 않고 사태를 조금씩 지연시켜 나가게 되면, 이 재해지역의 마을이 지금까지 양성해 온 지역사회는 완전히 붕괴되어버릴 위험성이 있다. 이렇게 되면 국가나 지방자치제에 대한 원망만이 남게 된다.

재해지에 남겨진 토지는 어떻게 하면 좋을 것인지도 중요한 과제이다. 이 토지는 전면적으로 국가에서 매입해야 할 것이다. 이로 인해 이재민은 일시적으로 생활에 필요한 수입을 얻을 수 있다. 조금 구체적인 예를 들어 보자. 원자력 발전 기지에서 30킬로미터의 범위의 지역은 피난을 요청받고 있다. 그러나 실제로 방사선량이 20밀리 시버트의 선으로 둘러싸여 있는 "계획적 피난구역"은 원자력발전기지에서 북서로 확장되고 있다. 이에 비해 서남부의 많은 지역은 방사선량이 낮다. 만약 장기간에 걸쳐서 이 북서로 확장되는 위험지역의 형상이 변하지 않을 경우, 이 서남부에 거주하고 있던 이재민들은 원래의 거리나 마을로 돌아와 생활할 수 있을 것이다.

그렇다면 국가에 의한 토지의 수매는 위험한 방사선량 분포의 한계 내로만 한정해도 괜찮을 것이다. 요점은, 장기적인 관점에서 위험이 없을 경우 이재민을 가능한 한 신속하게 원래의 장소로 돌려보내는 시각이 필요하다는 것이다. 매입한 국유지에는 거주자가 없고 취업도 할 수 없다. 우선 거기에서 퇴적한 방사능을 흡수해

감소시키는 농림작물을 이용한 토지이용을 생각해야 한다. 혹은 과감하게 태양광이나 태양열, 아니면 풍력발전의 장소로 이용하는 것도 생각해보자.

농림작물로서는 당연히 바이오매스(팁)용의 활엽수림을 들 수 있지만, 그 외에 해바라기나 유채·옥수수처럼 방사능을 흡수하는 농작물을 정착시키는 것도 괜찮다. 활엽수림은 식재하고 나서 팁으로 사용하기 위해서는 17, 8년 걸린다. 잡목림을 2회 벌채하면 30년이 경과하게 되어, 그때에는 세슘의 방사능이 반감기를 맞이한다. 이 정도의 세월을 거치고 나서야 겨우 이 재해지도 방사능이 감소하여 거주가 가능하게 될지도 모른다.

여기에서 생산되는 바이오매스는 방사능을 포함하고 있기 때문에 어디에서도 태울 수 없다. 그러므로 이 바이오매스는 히가시도리나 후쿠시마 제2라고 하는 원자력발전기지에 있는 보일러 연료로 사용한다. 왜냐하면 원자력발전기지의 방사능 제거 장치의 성능은 일반 사업소에 비해 높을 것이다. 따라서 원자력발전기지에 집약해 사용하는 편이 바이오매스에 남는 방사능을 저감시킬 가능성이 높기 때문이다.

재해지 내의 택지는 이미 사용할 수 없다. 그대로 방치하든지 혹은 시간을 들여 파괴해 나간다. 이 지역의 한때의 모습을 보여주는 몇 개의 건물은 보존하는 경우도 있을 것이다. 그 외의 택지는 식재된 임지로 바뀌어 간다. 그리고 후쿠시마 제일 원자력발전기지는 폐로가 되어 새롭게 식재된 평지림 안에 남겨진다. 이렇듯 지금까지 전혀 상상도 할 수 없었던 지역 경관이 지금부터 생겨나는 것이다.

이 원자력 재해의 문제는 재해지들 간의 미래만 고려하는 것은 아니다. 오히려 현재 재해지 바깥 지역의 앞으로 동향이 보다 중대한 문제가 되고 있다. 그 이유는 방사능 오염지역이 확대될 위험성이 있기 때문이다.

현재, 사회의 관심이 집중되어 있는 것은 반경 30킬로미터 이내 오염지역 내의 향후 동향이다. 만약 이 원자력발전기지의 방사능 배출이 이후에도 수년에 걸쳐서 계속 된다면 그 방사능이 퇴적되어 누적 방사선량이 위험치를 넘는 지역은 확대된다. 현재의 30킬로미터권 내로부터 그 피난의 범위가 50킬로미터권 혹은 그것을 넘을 수 있는 위험성이 잠재되어 있다.

3월 11일에 미국 정부가 자국민에 대해서 후쿠시마 원자력발전기지로부터 70킬로미터권역 밖으로 피난하라고 지시한 것은, 원자력발전기지가 수증기 폭발을 일으켜 그 주변지역의 방사선량이 급격하게 증가하는 것을 걱정했기 때문일 것이다. 현재, 지금 이 순간 폭발 위험성은 없어졌다고 해도, 지역의 방사선량이 시간이 지남에 따라 증대해 가는 위험성을 아직 무시할 수 없다. 만약 위험범위가 원자력발전기지로부터 북서쪽 방향으로 반경 60킬로미터까지 퍼지면 후쿠시마 시가 거기에 포함될 위험성이 있다. 60킬로미터로 가정한 것은 피난 필요 지역이라 정해진 이타테무라가 이미 후쿠시마 원자력 발전으로부터 40킬로미터 떨어져 있기 때문이다.

그 거리를 2분의 1만큼 한층 더 늘이면 60킬로미터가 된다.

이 사태가 발생하면 원자력 발전 재해의 차원은 일변한다. 일본 전체의 경제적·사회적인 시스템이 완전히 손상된다. 현재의 원자력 발전 영향 인구 약 15만 명은 후쿠시마의 인구를 포함해 50만 명을 넘게 된다. 그 피난처를 찾는 것은 절망적으로 불가능하다. 게다가 그 오염지역의 반경 내에는 도호쿠 신칸센과 도호쿠 자동차도로가 있어 오염지역에 들어가 버린다. 신칸센과 고속 자동차도로가 분단되는 것은 동북지방과 수도권이 단절되는 것을 의미한다.

원자력 발전의 재해에 대해서는 "희망적인 장래의 예상보다 최악의 사태에 대한 예상을 실시하라"는 사회적 요구가 강하다. 이 논의는 원자력발전기지 내의 사고수습에 관한 요청이라고 생각하지만, 주변지역의 사태 변화에 대해서도 같은 관점에서 예상해야 할 것이라고 생각한다. 동북과 관동을 연결하는 철도와 도로의 2대 동맥이 기능을 잃게 되면, 그 우회로로써 미리 일본해 측의 철도와 도로의 성능을 향상시켜야 할 필요성이 생긴다. 이러한 위험을 피해가는 예상은 국토계획적인 관점에서 진행된다. 국토계획적 관점에서 위기관리를 논하게 되면 문제는 한층 더 넓어진다. 즉, 이와 같이 세계 어디에도 없는 지진과 해일의 다발 국가인 일본에서, 앞으로도 원자력발전기지를 건설해 갈 수 있을지, 혹은 한 걸음 물러서 이러한 재해 리스크를 회피할 수 있는 원자력발전기지에 무엇이 요구되어야 할 것인가라고 하는 문제가 설정된다.

일본에는 네 개의 지각(판)이 모여 있다. 이러한 나라는 이 세상 어디에도 없다. 게다가 세계의 화산대가 일본을 종단하고 있어 조산운동이 격렬하기 때문에 단층형 지진이 빈발하고 있다. 이러한 단층형 지진에 휩쓸리고 있는 선진 지역은 세계에서 일본과 캘리포니아뿐이다. 이와 같이 지진으로 인해 일어나는 해일재해는 지구상에서 일본에 집중되어 있다. 일본에 비해 서양의 지반은 안정적이다. 한국조차 고생층(古生層)의 수성암으로 감싸여 있어 지진은 발생하지 않는다. 이와 같이 자연재해를 제일 받기 쉬운 일본이 원자력발전기지를 50개소 이상 건설해 온 것 자체가 지금 생각해보면 지극히 부조리하다.

일본의 원자력발전소는 모두 폐기하고 석유 · 석탄 등 화석연료의 발전기지를 늘려 나가는 편이 세계의 재해 위험도를 저하시킨다고도 말할 수 있다. 그러나 여기에서는 그러한 나라의 존립과 관계되는 논의는 제쳐두고, 원자력 재해를 피해갈 수 있는 혹은 원자력 재해가 일어났다고 해도 그 후의 광역적인 방사능 오염을 최소한으로 할 수 있는 장소가 일본 열도 안의 어디에 있는지를 국토계획적 관점에서 생각해 보자. 그 입지조건은 다음과 같다.

우선 일본 열도에서 부는 서풍(편서풍의 지표면을 지나는 바람)을 이용하고, 만일 재해가 발생했을 경우, 방사능이 육지를 오염시키지 않을 장소를 생각해 보면 태평양 연안이 첫 번째의 선택 장소가 된다. 두 번째로 거대 지진발생 시 해일 피해를 면하기 위해서는 동일본의 산리쿠로부터 관동지방의 보소 반도(房總半島)까지의 지역과 동해 · 동남해 · 남해 지진이 발생하는 스루가 만으로부터 기이반도 및 시코쿠의 연안지역을 제외한다. 홋카이도에서 지진과 해일의 재해가 일어나기 어려운 장소는 오호츠크 연안지역이다. 셋째는 가능한 한 인구가 정주하고 있지 않는 과소지역을 선택한다. 그리고 일본해 연안지역은 서풍에 의해 원자력 재해의 방사능 오염이 내륙지역으로 파급되므로 제외한다.

이 결과 선택되는 지역은 시모키타 반도, 오오스미 반도, 오호츠크 연안지역이다. 만약, 일본해 측에서 하나 선택한다고 하면 오키 제도를 들 수 있다. 이러한 지역에 원자력발전기지를 신설하고, 이미 지진 · 해일재해의 위험성이 높은 지역에 입지하고 있는 원자력발전기지를 차례차례 폐지해야 한다는 것이 국토계획적 입장에서 판단한 제안이다. 새롭게 만들어지는 원자력발전기지는 당연히 지진에 대비하여 내해일 성능이 기존의 원자력발전기지보다 높을 것이다. 기존의 원자력발전기지를 새로운 원자력발전기지와 바꿔놓는 것으로 일본 전체의 방사능 오염의 위험성은 저하된다.

강조하고 싶은 것은, 원자력발전기지의 선정이 각 전력회사마다의 영업범위 내에서 행해져서는 안 된다고 하는 것이다. 일본 열도 전역 내에서 환경조건상 가장 안전하고, 또한 지역 주민이 가능한 한 적은 지역을 선택해야 하는 것이다. 이러한 점에서 국토계획적인 사고가 중요하다.

이상으로 원자력발전기지의 재해에 대해서 (1) 재해지역내, (2) 주변지역, (3) 일본국토 전체라는 세 가지 과제를 취해 그것들을 지역계획, 광역권계획, 국토계획의 관점에서 사건을 말해 보았다. 물론 이 주장에는 여러 가지 잘못된 점도 있다고 생각한다. 그러나 국토계획의 전문가로서 달리 이러한 의제를 제기하는 식자는 없을 것이라는 것을 전제로 감히 원자력 재해와 지역의 관계를 정리해 보았다.

제 3 장

동일본 대지진과 도쿄 재생

- 오지마 토시오 편

3-1 일본 경제의 재생

다케모리 슌페이(게이오 대학 경제학부 교수)

전력 소비의 저하는 'GDP의 저하'에 직결

1995년에 발생한 한신·아와지 대지진과 이번 동일본 대지진과의 큰 차이—그것은 비극적인 천재지변에 '인재'가 더해진 것이다. 후쿠시마의 원자력 발전 사고는 해일로 인해 심각한 사고가 발생할지도 모른다고 하는 사전의 계획에 대해서도, 사후 처리에 대해서도, 많은 잘못을 안고 있어 차라리 인재라고 말하는 것이 좋을 듯하다.

후쿠시마의 원자력 발전이 정지하고 가시마(이바라키 현)의 화력발전소도 손상을 입음으로써 동일본의 '전력문제'는 장기화될 것이라 예상된다. 정부는 올여름의 전력부족에 대해 도쿄전력의 관할 구역에서는 일률적으로 15퍼센트의 절전을 요구하도록 결정했다. 이 인재가 경제에 미치는 악영향은 당연히 심각하다.

일찍이 GDP(국내 총생산)의 성장과 전력 수요의 성장은 같은 비율이었다. 그러나 2000년대에 들어와서는 에너지 절약화가 진행됨으로써 전력 수요가 GDP의 성장의 거의 반이 되었다. 역으로 말하면, 전력 소비를 1퍼센트 조정하면 GDP의 소비가 2퍼센트 떨어진다는 것을 말한다. 즉, 도쿄에서 전력소비가 15퍼센트 줄어들면 생산은 30퍼센트 가까이 저하하게 된다. 인구나 경제적인 기능에 대해서도 다른 지역에 비해 많은 기능을 담당하는 도쿄는 전력부족에 심각한 영향을 받는다고 할 수 있다.

석유, LNG와 같은 에너지 자원은 수입할 수 있어도 전력이라고 하는 에너지 그 자체는 수입이 곤란하다. 이것만큼은 스스로 생산할 수밖에 없다. 자가발전의 도입이나 투입 가능한 모든 자원을 투입해 전력의 시급한 회복을 도모해야만 한다 하지만 대형 화력발전소의 건설에는 5년이 필요하다고 한다. 그 전제에 의하면 동일본 전력문제의 조기 해결은 어려울 듯하다.

전력의 수요를 '동쪽에서 서쪽에'

현재 관서에는 충분한 전력 공급능력이 있다. 관서의 전력을 동일본에 융통해 받기를 바라지만, 관동과 관서에서는 주파수가 서로 다르고 변전능력도 부족하기 때문에 대규모의 송전은 불가능하다. 그렇다면 어떻게 할 것인가. 전력의 공급을 관서로부터 관동으로 이동시키는 것이 곤란하다고 한다면, '전력의 수요를 동쪽에서 서쪽으로 옮기면 된다'라고 하는 발상의 전환이 필요하다.

계획정전이 실시되고 있는 가운데 수도의 중심부는 대상에서 제외되어 있었다. 본사의 기능과 오피스 기능이 집중되어 있기 때문이라는 것이 그 이유다. 그러나 인터넷이 발달한 오늘, 오피스 활동이라면 다른 곳으로 옮겨 실시해도 그다지 지장이 없을 것이다. 더욱이 발전소를 건설하는 데에는 5년이 걸린다 해도, 예를 들어 오사카에 오피스를 이전하고 인터넷이나 전화를 가설해 활동을 위한 설비를 갖출 정도라면 1개월도 걸리지 않는다. 그것만이 아니다. 사람들이 다른 지역으로 움직인다면, 종일 러시(rush)상태인 도쿄의 교통망 사정도 조금은 나아지게 되고 방재 면에 있어서도 이익이 될 것이다.

문제는 제조업의 생산이다. 이번 지진재해로 동북의 전자부품 제조사가 큰 피해를 입었는데, 대표적으로 도요타와 같이 자동차부품 생산을 동북에서 실시하지 않은 기업도 중대한 피해를 입었다. 하나의 부품 제조업체가 기능을 하지 않게 되면 전체의 흐름이 멈추어버린다—일본 특유의 세분화된 공급사슬이 그 원인으로서, 이것도 경제 부흥을 도모하는 데에는 장해가 된다.

한신 · 아와지 대지진 때에도 공급사슬의 붕괴가 동시에 일어났지만, 이번에는 보다 그 피해 규모가 크고 지역이 넓게 분산되어 있어 정보수집에만도 많은 시간이 걸렸다고 한다. 제조업에 있어서도 공장을 전력이 있는 지역으로 옮기면 어떻겠는가. 대체 루트를 확보하는 것이다. 공장을 신설하려면 2~3년이 걸리지만 기존의 공장에 라인을 증설해 생산한다면 수개월 안에 제품공급을 시작할 수 있다고 들었다.

도쿄의 공동화(空洞化)가 진행된다고 하는 반론도 나올 것 같지만, 이렇게 전력이 있는 지역으로 경제활동이 이전해 갈 경우 도쿄 전력 관내의 전력부족 문제는 완화된다. 이렇듯 이동에 의해 시간을 벌고 있는 사이에 도쿄는 전력의 공급능력을 복구함과 동시에 내진력을 강하게 하는 공공공사를 확대하고, 만일 지진이 덮쳤을 경우의 안전성을 국내 최대 수준까지 높이게 된다.

어쨌든, 1개소에서 모든 것을 조달하는 효율 지상주의의 위태로움을 일본인은 인식해야 한다. 다음은 어느 지역이 지진의 공격을 받을지 알 수 없으므로.

경제 부흥의 열쇠가 되는 것

이러한 의미에서 기능 분산이나 생산 대체는 향후 더욱 더 중요하게 될 것이다.

한신 · 아와지 대지진의 경우, 이러한 생산 대체가 열쇠가 되었다. 부흥을 위해 4조원 규모의 공공사업이 도움이 된 것에 더해 지진재해에 의해서 파괴된 생산요소(자본 스톡)를 다른 생산요소로 대체하는 프로세스가 무리 없이 진행된 것이다. 버블이 붕괴한 이래의 경기침체로 인해 1995년의 일본에는 상당한 유휴 설비가 있었다. 동 지진재해는 그 유휴 설비를 가동시키는 기능을 했다고 하는 점에서 경제 전체에 플러스 효과를 가져왔다. 유휴 설비의 문제는 리만 쇼크가 있던 다음 해인 2009년 최악의 시기부터는 감소했지만 여전히 현존 한다. 동일본 대지진의 손해 규모는 최대 25조원으로 추측되고 있지만, 유휴 설비의 가동에 의해서 GDP의 감소를 상당량 멈출 수 있다. 그것은 고베의 신속한 부흥이 보여주고 있다. 그렇다면 그 대체경로에의 변환을 어떻게 진행할까—열쇠는 정보다.

현재 중앙정부는 지진재해 대책으로 경황이 없기 때문에 지자체가 솔선수범해 정보를 제공하면 된다. 예를 들어 오사카부의 지사는 도쿄에 본사가 있는 기업에 관서지역(關西)의 전력공급의 여력이 얼마나 있는지 금융, 컨설팅 등 다양한 분야의 활동에 대응하는 오피스 공간이 얼마나 있는지 전달·공개해야 한다. 관서지역에서는 그것이 경제력 복권의 기회가 될 수도 있을 것이다.

물론 관서지역에 한정된 이야기는 아니다. 버블 이후의 경기침체로 지방 기업이 모두 도쿄로 흘러온 적이 있다. 이전처가 어디가 되든 좋다는 말은 아니지만, 인구 100만 명 이상의 지방도시는 전력 수요와 공급 밸런스의 상황, 사무실이나 공장용지 등이 비어 있는 정보를 경쟁하듯이 내놓아야 한다. 전기가 끊겨 일을 할 수 없는 기업은 정보가 매우 필요할 것이다.

지방의 대도시에도 홋카이도라면 삿포로, 규슈라면 후쿠오카와 같이 각각 집중화 현상이 일어나고 있다. 그것을 우려하는 소리도 있지만, 원래 도쿄와 경쟁할 수 있는 것은 지방의 대도시뿐이다. 삿포로, 요코하마, 나고야, 오사카, 후쿠오카 등의 도시가 도쿄와 대항해 경제 센터의 역할을 담당할 수 있도록 한 것이다. 지방은 오히려 도시로의 집중화를 도모해야 한다. 그래서 지방의 챔피언인 도시가 도쿄와 겨루어 도쿄의 일그러진 집중화를 완화해주는 것이다.

먼저 중앙정부 주체로 수도의 이전이 활발히 논의되고 있는데, 수도의 기능을 나스노와 같은 시골로 옮기려고 하는 것은 애당초 무리이다. 전력부족을 기회로 도쿄의 기업이 매력 있는 인구 100

만 명 이상의 도시로 옮겨간다면 그것은 충분히 현실성이 있다.

지진재해 전보다 일본 경제는 투자가 정체되어 악순환에 빠져 있다. 기업이 올린 이익을 현금으로 껴안고 있으면서 투자로 환원하지 않는 '투자 결핍증'이다. 하지만 이 지진재해에 의해 일본의 자금시장은 좋든 싫든 크게 변화고 있다. 그것을 얼마나 긍정적인 방향으로 바꿀 수 있을까? 제일 중요한 것은, 말할 필요도 없이 명확한 비전을 가지는 것이다. 여기에 지금 일본인의 진가가 검증받고 있다.

3-2 임해 콤비나트(combinat)의 위험성과 내진대책

하마다 마사노리(와세다 대학 이공학부 사회환경공학과 교수)

3월 11일에 발생한 동일본 대지진에서는 도쿄 만부터 센다이 항에 걸쳐서 대규모 콤비나트(combinat) 화재가 발생했다. 현 시점에서 출화의 원인은 분명하지 않지만, 몇 분간이나 계속된 지진의 흔들림 외에 센다이 항에서는 해일, 도쿄 만에서는 액상화 등이 영향을 미친 것이 아닌가 생각된다. 센다이 항에서는 중유저조가 파괴되어 불타고 흘러넘친 중유가 해일에 의해 하천을 타고 역류해 주택지에까지 밀려들었다.

한편, 도쿄 만 기슭의 매립지에서는 광범위하게 걸쳐 액상화 현상이 발생해 수많은 주택과 건물이 침하 · 기울어지는 것과 동시에, 맨홀의 부상이나 매설관로의 파손 등 라이프라인(전기, 가스, 수도 등 생활과 생명을 유지하기 위한 네트워크 시스템) 시설에 피해가 발생했다. 이 때문에 지진 후 장기간에 걸쳐서 도시 기능이 정지되었다. 격렬한 액상화 현상이 생긴 것의 근거로 지진 흔들림의 오랜 지속 시간을 생각해 볼 수 있다.

도쿄 만 게이요 석유 콤비나트의 탱크

일본 대도시권의 만의 해안부, 도쿄 만, 이세 만 및 오사카 만에는 광대한 매립지가 조성되어 왔다. 고도 성장기에 이러한 매립지에는 중공업이나 석유화학 콤비나트가 건설되었다. 현재에도 석유화학 콤비나트 지구에는 석유제품이나 중유·원유 등의 탱크나 제조시설이 많이 존재하고 있다. 이러한 연안 매립지의 콤비나트로서 미래의 지진에 대해서 걱정스러운 곳이 두 군데 있다. 하나는 이른바 장주기지진동(長週期地震動)이 원인이 되어 발생하는 대형 탱크의 화재 및 지반의 액상화이다. 게다가 액상화한 지반이 수평방향으로 수 미터 변위하는, 이른바 지반의 유동화에 의해 탱크의 관로가 파괴되어 중유·원유 등 위험물과 고압가스 등이 해역에 대량 유출될 것으로 생각된다.

장주기 지진동이란, 주기가 2초부터 10초 정도까지 느릿한 지진의 흔들림으로 통상의 저층 건물 등에는 영향을 주지 않지만, 과거 대지진의 경우에서 보면 중유나 원유탱크 화재의 원인이 되었다. 최근의 기록은 2003년 도카치 바다 지진에 의한 도마코마이 탱크 2기의 화재이다. 화재를 일으킨 탱크는 부유(浮遊) 지붕식 탱크라 불리고 있는 것으로, 용액 위에 뚜껑을 떨어뜨려 놓은것 같은 구조를 하고 있다. 따라서 탱크 내의 용액이 장주기 지진동에 의해서 크게 흔들리면 부유 지붕이 액체의 흔들림에 따라 움직이면서 낙하해 탱크 측 판에 충돌함으로써 화재가 발생했다고 생각한다.

도쿄 만 연안의 매립지에는 현재 600기가 넘는 부유 지붕식 탱크가 건설되어 가동되고 있다. 도카이(東海) 도로부터 기이 반도 앞바다를 진원으로 하는 동북 지진과 동남해 지진이 연속적으로 발생한다고 가정해 도쿄 만의 게이요 지구, 게이힌 지구에서의 장주기 지진동을 예측하고 이것에 의해서 도쿄 만 연안에 입지하고 있는 탱크 용액의 진동을 계산해 보았다. 그 결과, 총수의 약 10%인 60기의 탱크로부터 용액이 탱크 밖으로 흘러넘친다고 하는 결과를 얻을 수 있었다. 이러한 용액 중 상당한 부분은 해역으로 유출될 가능성이 있다.

연안 매립지의 또 하나 더 걱정스러운 문제는 이번 지진재해에서도 발생한 지반의 액상화이다. 도쿄 만 내 매립지의 상당수는 1925년(쇼와 초기) 초부터 조성된 것이 많다. 액상화 현상이 공학적인 관점에서 처음 인식된 것은 1964년의 니이가타 지진으로 액상화에 의해서 구조물이 침하·경사하거나 맨홀 등의 지하구축물이 부상한 이후부터다. 물론 그 이전의 지진에서도 액상화는 종종 발생하였지만 액상화 발생의 메커니즘과 구조물에 끼치는 피해는 알려지지 않았었다.

이 때문에 니이가타 지진 이전에 조성된 도쿄 만, 오사카 만 및 이세 만 등 매립지의 호안(돌, 콘크리트 등으로 강, 바다의 둑을 보강하여 수해를 막음)이나 지반의 경우 액상화 대책이 마련되지 않았다. 액상화에 의해서 방유(防油)제방이나 호안이 파괴되는 경우도 생각할 수 있어, 탱크보다 흘러넘친 내용물이 해상에 유출되어 최악의 경우에는 해상화재가 발생할 가능성도 부정할 수 없다.

일본 정부는 가와사키 시 앞바다의 히가시오기시마 지구에 '기간적 방재거점'을 건설했다. 이것은 수도권의 지진이나 미나미간토 지진에 의해서 수도권에 큰 재해가 발생했을 경우, 다른 부·현이나 외국으로부터 들어오는 구호물품과 인원을 이 거점으로부터 해상 운송도 하고 긴급대응이나 복구·부흥 활동에 활용하기 위함이다. 그렇지만 대량의 중유나 원유가 해상에 유출되어 이것들이 바람이나 조류에 의해서 도쿄 만까지 확산되었을 경우, 도쿄 만의 해상 운송능력은 장기적으로 큰 폭으로 저하하게 된다. 경우에 따라서는 도쿄 만의 해상교통이 완전히 멈추게 되는 사태도 발생할 수 있다. 이러한 상황이 되었을 경우, '기간적 방재거점'은 전혀 도움이 되지 않게 된다.

게다가 도쿄 만의 연안에는 현재 12개소의 LNG 화력발전소가 가동 중이다. 동일본 대지진에 의한 원자력 발전 사고로 이 화력발전소가 전력공급의 중요한 역할을 담당하고 있다. 그러나 도쿄 만이 봉쇄되는 사태가 발생하면 발전소로의 LNG의 공급이 멈추게 된다. 원자력에 이어 화력에 의한 에너지 공급도 마비된다면 수도권의 에너지 공급은 확실히 위기적 상황을 맞이할 것이다.

사실상, 대도시권의 연안 매립지와 그 앞에 펼쳐진 해역의 지진시의 안전성 검토는 거의 행해지지 않고 있다. 매립지의 액상화의 가능성이나 연안의 안전성 검토에 대해서는 지자체에 따라서 시행하고 있는 경우도 있지만, 매립지의 전면에 펼쳐진 해역의 안전성에 대해서는 국가, 지자체 모두 거의 손을 대고 있지 않은 상황이다. 이 지역은 확실히 방재대책의 맹점, 사각지대라고 할 수 있다.

일본의 대도시권 연안 매립지구의 내진성을 향상시키기 위한 하나의 대책은, 노후화한 호안이나 액상화 지반의 대책을 서둘러 세우는 것이다. 필자 등의 계산에 의하면 가와사키 시의 주위 약 5.5킬로미터의 매립지에 직경 1미터의 강관을 깊이 30미터까지 연속적으로 타설 하여 호안을 보강했을 경우, 약 200억 엔의 비용이 필요하다. 이 매립지에는 10개 회사 정도의 공장이 있지만, 요즈음의 재정적 상황으로 볼 때 호안의 내진보강 비용을 기업에만 부담시키는 것은 현실적이지 않다. 이런 식으로는 매립지의 콤비나트 내진보강 계획은 전혀 진행되지 않는다. 그런데 가와사키 시의 석유 콤비나트가 산출하고 있는 휘발유가 만들어내는 국세, 이른바도로 특정재원으로써 징수되는 세금의 총액은 무려 연간 약 4000억 엔에 이르고 있다고 한다. 특히 게이요 콤비나트를 포함한 도쿄만 전체로 보면 세수입이 1조 엔에 이른다.

이러한 재원을 임해매립지의 내진보강에 투입할 수는 없는 것일까? 액상화나 장주기지진동에 의해 임해 매립지의 콤비나트가 괴멸적 피해를 받게 되면 세수입 또한 타격을 입을 것이다. 임해 매립지 보강을 위한 재원투자는 국가 전체적인 재해예방의 관점에서도 꼭 추진되어야 하며, 기존의 수직적 행정의 폐해를 탈피해 지자체, 콤비나트 기업, 지역주민, 연구자를 통한 수평적인 대책 실시가 강하게 요구된다.

3-3 에너지 정책

사도하라 사토시(요코하마 국립대학대학원 도시 이노베이션(innovation) 연구원)
나카지마 고우조우(와세다 대학 이공학연구소 객원 강사)

이번의 대지진이나 해일 등의 재해는 에너지 수요의 증대에 따른 원자력 이용 확대는 심각한 위험을 초래할 수 있음을 우리에게 알려주었다. 앞으로는 지구환경 문제와 재해의 위험성을 동시에 피할 수 있는 통합적인 해결책의 마련과 새로운 시스템으로의 전환이 요구된다. 거기에는 소비의 효율화, 라이프스타일의 변혁을 포함해, 에너지 수요를 억제하는 부분과 대규모 집중형 시스템을 탈피한 화석연료 삭감 · 탈원자력 분산형 시스템 등, 나라 전체의 방향전환이 필요하다. 따라서 향후의 일본과 아시아의 대도시를 선도하는 중요한 위치에 있는 도쿄 수도권 에너지 정책의 기본방침, 구체적인 방안에 대해 제언한다.

에너지 정책의 기본방침

① 심각해지고 있는 지구환경 문제에 대한 대응의 필요성은 엄연히 존재하고 있어 일상의 에너지 절약, CO_2 감소에의 대응을 게을리 해서는 안 된다. 게다가 수도직하 지진, 미나미간토 지진 등도 염두에 두고, 비상시에도 두절되지 않는 신뢰성이 높은 에너지 시스템을 실현할 필요가 있다.

② 수도권의 전력은 원격지에 대부분을 의존하고 있다(그림 1). 수요지의 중심이 되고 있는 도쿄로부터 200킬로미터 이상 떨어져

있으며, 또한 도쿄전력의 공급지역 밖에 있는 원자력 발전소의 재해 · 방사능 오염으로 인해 그 주변 수십 킬로미터 권역이 심각한 피해를 입었다. 향후 가능한 한 도시권 밖으로 리스크를

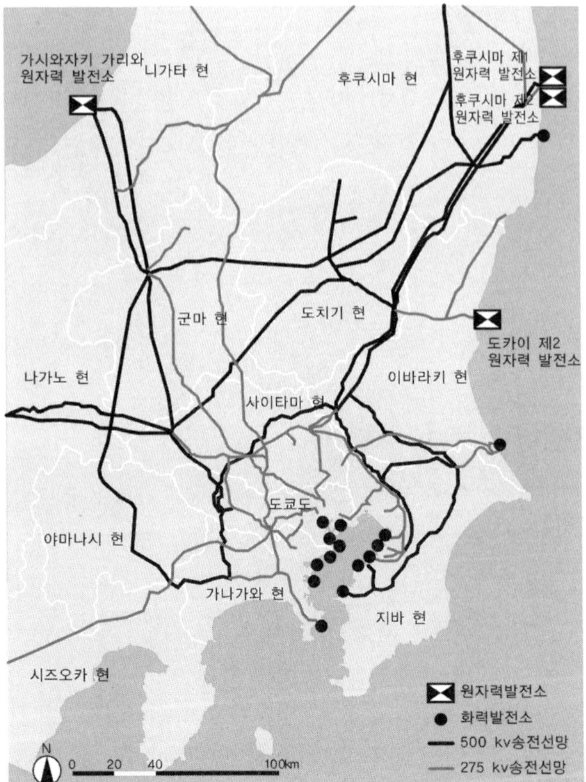

그림 1 동경권 주변 발전소 및 송전 간선망

떠맡기지 않는 시스템이 실현되지 않으면 안 된다.

③ 가능한 한도에서 리스크가 높은 원자력 발전에 의존을 줄이는 것이다. 재해 다발지대에 있는 국토의 원자력발전소의 수를 줄여서 재해와 사고의 위험성을 줄여 나가야 한다.

에너지 시스템의 본연의 자세(갖추어야 할 성능과 구체적 방안)

① 필요 에너지양, 외부 의존이 작은 도시 시스템으로 한다.

도시 활동으로 필요한 에너지양이 적을수록 일상의 에너지 절약, CO_2 감소, 지구환경 부하 경감을 도모할 수 있다. 이것은 3단계로 나누어 생각해 볼 필요가 있다. 제1단계는 바람의 길, 물의 순환 등 자연환경을 살리고 라이프스타일의 변혁을 포함한 필요량의 삭감이다. 2단계는 지역 냉난방 · 코제네레이션(cogeneration)(이하 CGS) 등을 도입해 면(面)적인 확대를 가져오는 분산형 에너지 시스템(그림 2)을 구축하고 이를 관리해 고효율화 하는 것이다. 마지막으로 제3단계는 이용하지 않는 에너지나 재생 가능 에너지와 같은 환경부하가 적은 에너지원의 이용이다. 이러한 필요 에너지양의 삭감은 에너지의 외부 의존을 적게 하고, ②에 기술한 재해 시에도 원활한 공급이 가능한 시스템의 실현을 가능하게 해 도시권 밖에서의 위험성도 경감시킬 수 있을 것이다. 그림 2는 자립·분산형 에너지 시스템의 일례를 나타낸다. 공급대상 지구에의 최대전력 부하를 50퍼센트 삭감해 내진성이 큰 중압가스에 의한 CGS 설비를 도입한다. 비상용 발전의 상용화로 30퍼센트 이상의 발전을 하는 것과 동시에, 그 배열을 이용해 흡수식 냉동기의 냉방용 전력을 100퍼센트 삭감하는 자립형 시스템이다.

② 재해(災害)에 의한 재해와 공급두절이 일어나기 어려운 에너지 시스템으로 한다.

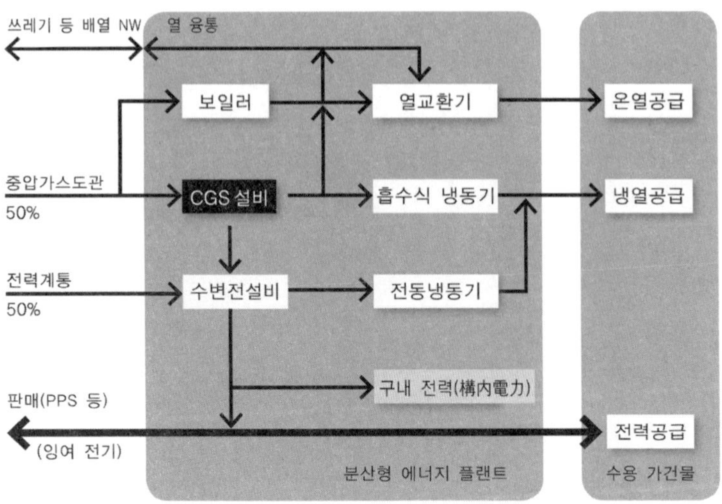

그림 2 자립·분산형 에너지 시스템 개념도 ※CGS 설비 : 비상용 겸용 상용 발전기

지진에 대한 내진성을 높이는 것은 말할 필요도 없다. 또한 지산지소(地産地消)역자주)지역에서 생산한 농산물을 지역에서 소비하는 활동)의 자기부담의 에너지의 이용을 장려하고, 연료저장, 축전이나 축열 등의 에너지 저장 기능을 정비해, CGS와 같은 자립분산거점이 서로 제휴한 신뢰성의 높은 시스템을 구축해 이를 대규모 전력공급 시스템과 병존시키는 것, 전력 · 가스 공급망에 지역 냉난방의 열 공급망도 포함시키는 에너지 공급방안 등의 구체적 방안이 있다.

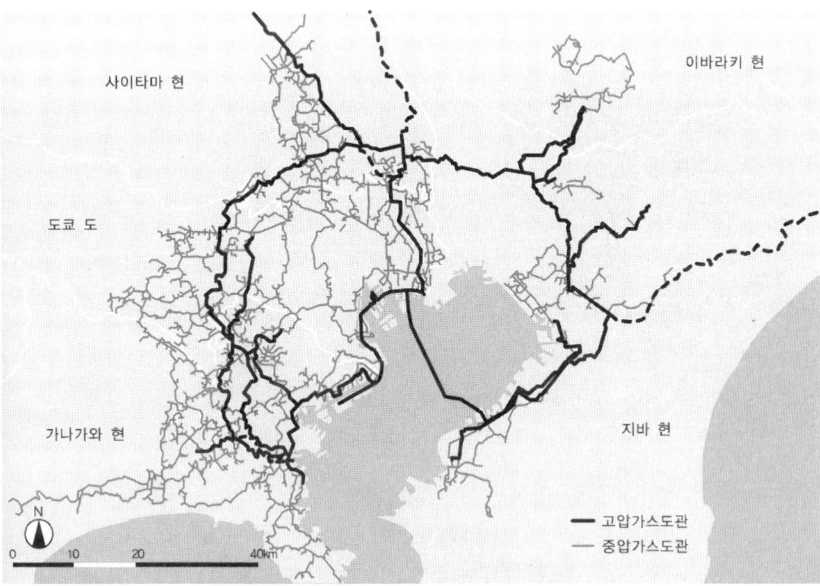

그림 3 동경권의 천연가스 고압 · 중압도관 망

도쿄에 있어서의 새로운 에너지 인프라 제안

대지진의 영향은 있었지만 도심의 인구증가나 고령화, 건물의 고밀도화 및 국제화 · 정보화 등에 의해 도심부의 에너지 수요는 2050년까지 계속 증가할 것이다. 따라서 도심부의 중요한 기반 정비로서 새로운 에너지 인프라의 도입이 급히 요구되므로, 근본적인 부분부터 제안하고자 한다. 예를 들어 도심부의 다이마루, 이케부쿠로, 신주쿠, 카스미가세키 · 롯폰기, 아카사카, 시부야, 니혼바시 · 긴자, 시나가와 지구 등은 건물의 밀도가 현저히 높아 에너지 소비량이 더욱 더 증가할 것으로 예상되어 저탄소화나 에너지 시큐리티(energy security)를 확보한 안전가구 형성이나 BCP(Business Continuity Plan)가 불가결하다.

현재 동경권에서는 한신 · 아와지 대지진과 이번 대지진에서 입증된 바 있는 지진 시에도 공급이 정지되지 않을 내진성이 높은 비상용 겸용 발전기의 도입이 가능한 상태이고, BCP에 대응 가능한 '중압가스도관'이 부설(그림 3)되고 있다. 최근에 천연가스도관의 전국적 정비가 진행중에 있고, 자가발전기 기술의 향상이 이루어져 배열 활용에 의한 종합 에너지 효율화가 달성되고 있다. 또한 이미 지역 냉난방시설이 도심부에는 39개소, 도내에는 66개소가 입지하고 있다. 이것을 활용해 지역 냉난방시설이나 근방의 중압가스도관을 활용한 3만~10만 킬로와트 급의 '분산형 에너지 시스템'을 도입해, 기존의 전력 · 열 네트워크와 제휴하고 CGS 플랜트를 설치한다. 여기에 각 지역 간의 에너지 융통 네트워크를 형성하고 에너지 다중화를 추구하면서 BEM(Building Energy Management)등을 활용해 에너지 정보 관리를 실시하여 면적인 자립성과 내구성을 가지는 새로운 인프라인 '자립 분산형 에너지 시스템'을 제안하고 싶다(그림 4).

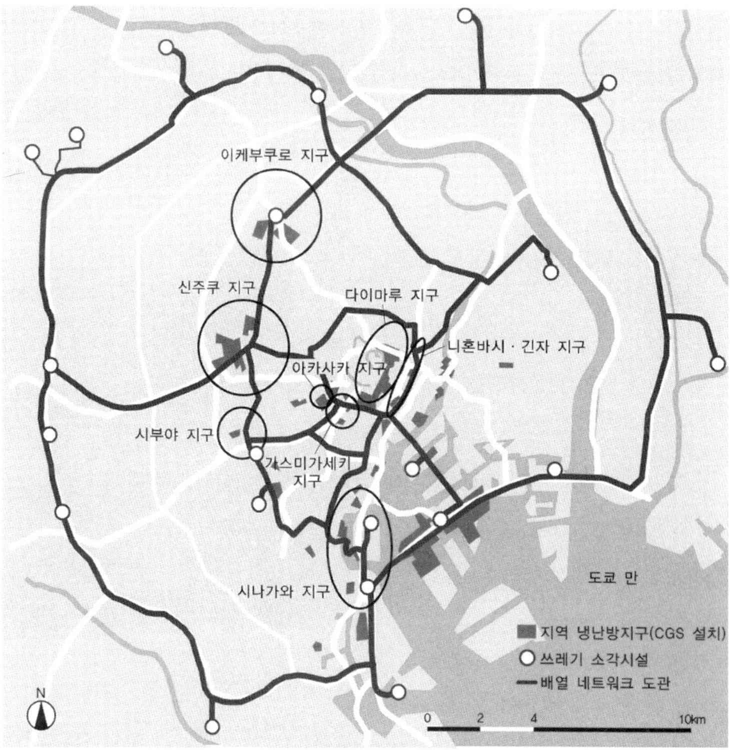

그림 4 도쿄의 CGS, 쓰레기 소각 배열 네트워크 구상

또한 도심부에 위치한 8개소의 쓰레기 소각시설의 배열증기 등을 이러한 네트워크에 조합하는 방식으로, 지산지소(地産地消)형의 재생 가능 에너지에 의한 새로운 도시 인프라를 만들 수 있다.

또 쓰레기 소각시설은 나무의 성질, 하수 소화가스, 진흙, 석탄 등을 생산하는 바이오매스 에너지 플랜트가 된다. 와세다 대학 오지마 연구실의 계산(2007년)에 의하면, 전 8개 지구 합계로, CGS와 쓰레기 소각 등의 배열 이용으로 약 80만 킬로와트에 상당한 에너지가 절약되며 약 100만 톤/년의 CO_2가 삭감될 수 있다. 게다가 환상(環狀) 8호선 근방의 쓰레기 소각시설을 합치면 22개소인데 이것들을 네트워크화 하는 것으로, 약 200만 톤/년 이상의 CO_2가 삭감할 수 있어 세계 최대급인 파리 시의 배열 네트워크를 넘는 규모가 된다.

전력공급은 향후 장기에 걸쳐 불안정하고 불투명하다. 동일본 대지진으로 일본의 에너지 기본계획이 근본적으로 재검토되는 상황이므로, 적어도 9개 전력회사의 지역 독점체제의 재검토나 송전망의 광역화, 발전 회사의 자유화에 대해 검토해야 한다. 또한 CGS나 자연 에너지를 이용한 발전 방식의 시장 진입을 용이하게 하는 송 · 발전 분리제도를 도입하는 등 도쿄뿐만 아니라 일본 전체에 있어서의 전력 · 가스, 열 등의 에너지 인프라를 근본적으로 재검토하는 것이 급선무이다.

3-4 GIS와 국토 정보

우수이 데루코(나라 대학 문학부 지리학과 교수)

GIS에 의한 귀가 곤란자 지원과 신속한 피해정보의 발신

3월 11일 14시 46분, 동북지방 태평양 앞바다에 매그니튜드 9.0의 지진이 발생했다. 지진발생 후 3시간 이내에 파악된 도쿄 도의 피해는 인적 피해가 6명(중앙구), 물적 피해(화재)가 32건이었다. 수도관의 피해상황(3월 11일, 16시 15분 현재)은 구내 전역에 수도관 45개소의 누수뿐이었다. 3월 14일 14시에 발표가 확정된 인적 피해는 7명, 물적 피해가 32건이었으므로 지진 후 3시간 안에 피해의 전모가 파악된 것이다.

도쿄 도의 재해대책 본부의 두 번째 정보는 11일 20시 45분의 귀가 곤란자에 관한 정보였다. 도쿄 도 내의 건물이나 인적 피해는 적었지만, 귀가 곤란자라고 하는 수도권 특유의 비상사태가 발생했다. 도쿄 도에서는 2004년 2월부터 주유소, 2005년부터는 9개의 도, 현, 시(도쿄 도, 가나가와 현, 지바 현, 사이타마 현, 요코하마 시, 가와사키 시, 사가미하라 시, 지바 시, 사이타마 시)에 있는 편의점, 패스트푸드, 패밀리 레스토랑 등의 사업자와 귀가 곤란자 지원 협정(수돗물이나 화장실의 제공, 지도 배포, 도로 정보제공, 근린의 피난장소 정보제공 등)을 체결하고 있었다. 또한 도내의 학교나 대학 등이 귀가 곤란자의 일시수락 가능 시설로 이용되었다. 12일 4시에 도쿄 도가 발표한 일시수락 귀가 곤란자는 1,030개 시설에 94,001명이었다.

이러한 정보는 언제든지 도쿄 도 방재지도를 통해 확인할 수 있으며 평상시에는 귀가 지원의 방재훈련도 실시되고 있었다. 지진 시의 신속한 재해대응을 가능하게 한 하나의 요인으로는 도쿄 도의 위기대응 관리능력과 GIS(지리정보 시스템)에 의한 재해정보 시스템을 들 수 있다. 그러나 방사능 오염에 있어서의 긴급대응에는 이러한 신속함이 없었다.

방사능 오염 · 계획정전에 대한 긴급대응의 미비함

도쿄 도는 3월 16일 방사성 요오드 수치가 통상의 20배 이상이 되는 0.809 마이크로 시버트에 이르렀다고 보도 발표했다. 관측지점은 도쿄 도 신주쿠 구 햐쿠닌마치의 도쿄 도 건강 안전연구센터 한 곳으로, 도쿄 도 전역의 맵을 작성할 수 있을 정도의 관측 데이터는 없었다. 그 후 3월 23일, 가나마치 정수조의 수돗물 오염이 보도되자, 도쿄 도내뿐만 아니라 관서지방에서도 페트병의 음료수 사재기가 일어나 음료수 패닉현상이 발생했다. 도쿄 도 수도국의 재해정보 시스템은 수도관 피해에 대한 긴급대응에는 만전의 대책이 취해지고 있었지만, 수돗물의 방사능 오염 대책은 허술했다고 말할 수 있다. 방사능 오염에 관한 정보 공개도 불충분했다.

가나마치 정수조의 데이터에 의하면, 3월 22일은 방사성 요오드(요오드 131)가 210베크렐/킬로그램이었지만, 27일에는 "불검출"일

때도 있다. 그러나 불검출이란, 완전한 제로가 아니라 1킬로그램당 20베크렐 이하의 경우를 의미한다. 때문에 공황을 피하기 위해서 방사성 물질이 검출되어도 '불검출'이라고 한 것이다. 이것이 주민들에게 행정 데이터에 대한 불신감을 더해주었기 때문에, 그 후 도쿄 도 수도국은 불검출의 기준을 홈페이지에 공표했다.

3월 14일 이후에 실시된 도쿄전력의 계획정전에서도 정보혼란으로 인한 주민들의 불안이 가중된 사례가 있었다. 도쿄전력은 계획정전 지역을 그룹으로 나누어 거리명으로 공표했지만, 일상적인 전력공급 구역과 행정 경계선이 반드시 일치하고 있는 것이 아니어서 주민들이 정보의 혼란을 일으켰다. 그러나 3월 17일 이후에는 홋카이도가 계획정전 지역을 GIS로 맵화 해 Google Earth로 열람 가능하게 하고 있다.

현(縣)외 피난민의 증가와 피난민을 지원하는 광역 행정의 필요성

효고 현의 추정에 의하면 한신 · 아와지 대지진의 현 외 피난민의 수는 5만4,700명(田波尚惠 著 '한신 · 아와지 대지진의 현 외 피난민의 지금—지진재해로부터 15년' 간사이학원 대학 재해 부흥제도 연구소)이었다. 하지만 동일본 대지진에서는 GIS학회, 방재 GIS 분과회의 조사에 의하면, 현 외 피난민으로서 시읍면이 제공한 주거에 거주하고 있는 사람이 5월 초순에만 121,641명에 이르고 있다. 이 숫자에는 현 외 피난민이나 친척이 지인의 집에서 피난하고 있는 자의 수는 포함되어 있지 않았다.

GIS학회의 5월 14일 데이터에 따르면, 이와테 현, 미야기 현, 후쿠시마 현의 재해 지자체를 제외하면 야마가타 현(9,925명), 니가타 현(7,935명), 군마 현(2,616명), 사이타마 현(2,481명), 도쿄 도(1,097명) 순으로 현 외 피난민 수가 많다. 현 외 피난민은 전국에 분산되어 있지만 동북, 관동의 지자체에 집중되어 있었다. 총무성이 4월 12일에 전국 피난민 정보 시스템을 시작하여 현 외 피난민 소재지 정보의 확인 업무를 전국의 시읍면에 통지했지만, 그 실태는 아직도 공표되고 있지 않다.

한신 · 아와지 대지진으로 현 외로 피난한 사람들에게 앙케트 조사한 것에 의하면, 현 외 피난민이 안고 있는 불평등함이 분석되고 있다. 현 외 피난민이 지원대상에서 제외된 것은 자가재건 지원사업, 사업 재개 등의 지원사업, 정부계 중소기업 금융기관의 재해복구자금 이자보급 사업 등에서이다.

피난민을 현 내와 현 외로 구별하는 것은 재해로 인해 할 수 없이 피난한 시민, 현민의 권리의 평등성이 고려되어 있지 않기 때문이다. 한신 · 아와지 대지진으로부터의 교훈은, 이재민에게 피난지에 관계없이 이재민 지원을 평등하게 실시하는 전국 지원체제가 필요하다는 것이다. 동일본 대지진에서도 전국에 실시하는 피난민 지원으로 '전국 원스톱 이재민 지원 서비스의 실현이 필요하다. 총무성의 전국 피난민 정보 시스템에 GIS를 활용하여 수집된 피난민 소재지 정보(구주소와 현주소, 이름 등을 포함한다)을 통해 이러한 서비스의 실현이 가능하다.(긴급대응으로서 민간제공의 지오코딩(geo-coding) 데이터베이스의 이용 가능. 다만, 항상적인 시스템에는 국토 정보 인프라로서의 1동 단위의 지명 정보 정비가 불가결).

전국지명 정보와 기반 지도정보 2500레벨의 긴급정비

전국 원스톱 이재민 지원 서비스는 GIS에 의해 실현 가능하지만, 그러기 위해서는 지명(주소)에 경 · 위도 등을 추가한 지오코딩 데이터의 전국적인 정비가 필요하다. 이것은 2007년에 제정된 지리공간정보 활용 추진 기본법에서 기반 지도정보(가구의 경계선 및 대표점)가 정비되었다. 그러나 건물 1동을 식별하는 지명정보(번지, 지번레벨)의 정비는 작년부터 일부의 도시 지역에만 국한해 전자 국토 기본도(지명정보) '주거표시 주소'를 국토 지리원에서 다운로드 가능하다. 하지만 농촌, 산촌 지역에서는 지명정보의 정비가 늦어지고 있어 신속한 대응이 필요한 실정이다.

지도 정비가 완료되면 계획정전 때에도 도쿄전력의 고객 주소정보로부터 건물 1동 단위로 GIS에 의한 계획정전 구역의 지도화가 순간에 작성될 수 있어 치밀한 대응이 실현될 수 있다. 또한 귀가 곤란자의 주소정보를 귀가 지원 스테이션이나 임시거주 가능 시설에서 입력함으로써 GIS로 순식간에 전국 귀가 곤란자 맵(map)의 작성이 가능하게 된다. 이를 위해 지명정보의 정비가 필수적으로 이루어 져야 한다. 또한 내각부 방재 담당의 협력 하에서 재해 시 긴급 맵 지원('동북지방 태평양 앞바다 지진 긴급 지도 작성 팀(Emergency Mapping Team)' 지도) 작성 활동을 하는 산·관·학(産官學)에 의한 자원봉사 지원이나 전국 원스톱 피난민 지원 서비스 등의 통괄 체제가 필요하다.

페어링(pairring) 지원으로부터 지자체 GIS를 활용한 전국 페어링 행정의 실현

일본 학술회의는 3월 25일의 '동일본 대지진에 대응하는 제 1 차 긴급 제안'으로 지자체 간의 페어링 지원의 필요성을 제안했다. 그 후, 전국의 지자체가 재해 시 직원을 파견하거나 지원 구원물자를 발송하는 등 충분치는 않아도, 재해 지자체와 협력을 통해 재해 지원활동을 실시하고 있다. 이러한 페어링 지원체제를 일상 업무 행정으로 발전시킬 필요가 있다. 페어링 지원체제는 지자체의 GIS를 활용하는 것으로 실현 가능하지만, 이번 동일본 지진 사태에서는 연안부의 중소 지자체에 GIS에 필요한 기반이 되는 2500레벨 지도정보의 정비가 늦어지고 있다.(일본 지리학회의 항공사진 판독에 의한 해일이 소상하는(거슬러 올라감) 구역은, 나라 대학의 25,000

레벨의 기반 지도정보를 기초로 해서 4일 만에 전자화되었다. 2,500레벨의 기반 지도가 이 해안지역의 시읍면에서 정비되어 있다면 GIS를 이용해 재해 건물 수도 순간에 계산할 수 있어 복구지원에 활용할 수 있을 것이다).

특히 도쿄 등의 대도시에서는 동일본과 서일본의 협력모델을 통해 재해 시 필요한 주민정보와 토지 · 건물 등 사유재산 정보를 공유할 수 있는 백업체제가 긴급 요구된다. 동일본 대지진의 사례를 볼 때 GIS에 의한 전국 페어링 행정의 실현이 국난을 피하는 지름길이 될 것이다.

3-5 국제 전략

진나이 히데노부(호세 대학 디자인공학부 건축학과 교수)

성급했던 도시개발

글로벌 시티로써 항상 이름이 오르내리는 도쿄는 세계 경제에 중대한 영향력을 미치는 도시로 평가되고 있지만, 그 이면에는 다양한 폐해를 안고 있다. 경제를 최우선으로 하는 도시 개발은 에너지를 방대하게 소비하고 도쿄 일극집중(중심이 되는 한 지역에 조직이나 시설 등이 집중함)의 사태를 가속시켜 왔다. 특히 마을 조성에 있어서는 자연이 사라지고 역사가 없어져 미래 사람들이 안전하고 쾌적하게 살아가기 위한 환경의 유지가 어려울 지경에 이르고 있다. 동일본 대지진은 여러 번의 재해를 거쳐도 일상의 생활로 돌아가면 잊어버리기 십상인 자연의 존재를 우리에게 각인시켜 주었다.

옛날로 거슬러 올라가면, 산리쿠 해안과 같은 리아스식 해안에 취락은 없었다. 작은 후미에 있는 항구에 사는 사람들은 안전한 장소를 선택하면서 높은 지대에 살았다. 그러나 사람들이 근대화와 함께 편리성을 요구하게 되면서 저지대로 이동하게 되었다. 1896년에 발생한 메이지 산리쿠 지진의 무렵에는 일부 저지대에 취락이 있었다고 들었다. 예부터 지진에 의한 해일피해를 자주 받아온 이 지대는 높은 방파제나 방조비 등을 마련하는 해일대책을 시행해 왔지만, 시가지를 넓히기 위해서 개발을 너무 성급하게 진행해 왔던 것이 아닐까? 논이나 습지대를 억지로 조성해 해변을 매립해 온 이력이 그것이다.

그중 첫 번째 지역이 관동권이다. 고도성장이 시작된 이후 40년간, 비록 그것이 불안정한 지반일지라도 도쿄 만을 중심으로 대량으로 급속한 매립이 진행되어 왔다. 시간이나 비용을 충분히 들여 지반개량을 한 후에 건설활동을 했다면 좋았겠지만, 경제 위주의 개발은, 다시 말하면 손쉬운 개발이기도 했다. 지바 현의 우라야스나 가나가와 현의 가나자와문고 등, 여기저기에서 문제되고 있는 매립지의 액상화는 지진재해가 발생하기 이전부터 우려되고 있었으며, 지금 다시 크게 부각되고 있다.

본래, 도쿄 도심은 에도시대부터 고유의 지형을 이용해 자연을 순응하면서 개조계획을 잘 실행해 오고 있었으며. 생태계를 근간으로 훌륭한 도시를 만들어 왔다. 그러한 재산이 있었음에도 불구하고 우리는 그것을 잊어버리고 "대도쿄"를 향해서 대형 개발을 성급히 시행한 것이다. 그 결과 굉장한 경제성장을 이룬 것은 사실이지만, 한편으로는 인간의 손으로 무엇이든지 가능하게 되자 교만하게 된 것 또한 사실이다. 자연을 파괴해 지형조건에 대해 바람직하지 않은 곳까지 무리하게 확대해 가는 도시개발은 다시 한 번 더 생각해 보아야 한다—이번 지진재해는 이러한 메시지를 강하게 보내고 있다.

커뮤니티의 중요함

1923년에 일어난 관동 대지진 후의 부흥은 대단히 훌륭했다. 제국수도부흥원 총재였던 고토 신페이가 입안한 도시부흥계획은 당시 허풍이라고도 하였지만 위대한 성과를 올린 것은 확실하다.

거리에 활력을 되찾는다. 바꾸어 말하면, “거리로 얼굴을 향한” 훌륭한 디자인의 건축물이 만들어져 1925년(쇼와) 초기에는 새로운 시대의 기술과 감각을 도입한 혁신적인 도시부흥 사업이 이루어졌다. 그중에서도 도준카이(同潤會)아파트 등이 그 필두였다. 현 시점까지도 걸작이라고 할 수 있는 근대의 기념물이 여러 가지 해체되어 온 것은 유감지만, 지금이라도 계승해야 할 재산은 많이 있다.

무엇보다도 부흥에 대한 명확한 비전이 존재했고, 시민이 도시에 대한 관심과 도시에 사는 스피릿(spirit)을 가지고 있었으며, 지금과 같은 개인주의가 아니고 커뮤니티가 있었다. 그것이 도시 부흥이 성공을 거둘 수 있었던 최대의 이유였다고 생각한다. 이번과 같은 재해시나 유사시에 이 커뮤니티는 중요한 역할을 한다. 인명피해를 최소한으로 멈추기 위해서 그리고 일상의 방재 면에서도 사람과 사람의 결속은 근본적인 힘을 발휘한다. 이에 과거와 현대의 관계를 어느 정도로 원만하게 유지하고 연출할 수 있을지가 현재 도쿄의 최대과제이다. 이것은 매우 재미있는 부분이기도 하다.

이러한 점에서, 좋은 거리의 대표적인 예를 들면 다이토 구의 ‘야나카’이다. 지형의 변화가 풍부해 녹지도 물도 풍부한 야나카에는 절이나 사당이 많이 존재하고, 고유의 특성을 살린 여러 가지 타입의 건축물이 있다. 중세, 근세, 모던 등 여러 시대가 중첩되어 있고 다양한 문화와 공간 프로그램을 가지고 있다. 낡은 건물이 반드시 최상급은 아니지만, 거기에 있는 것은 명백한 '생활감'이다. 변두리다우며 세대나 직업, 계층을 넘는 커뮤니티가 활발하고, 계승해져 내려온 모든 것이 생활의 장소에서 살아 움직이고 있다.

지방으로부터 방문하는 사람들이나 외국인이 모두 한결같이 끌리는 것이 바로 이 점이다. 과거의 노스탤지어가 아니다. 복잡한 공간 프로그램이 창조력을 불러일으키는 자극을 주기 때문이다.

글로벌 시티로서 한층 더 매력을

도쿄 전역을 바라보면, 대규모의 디자인이 지형이나 자연에 조화되어 있다는 것을 알 수 있다. 변두리에는 수로(水路)가, 높은 지대는 경사면 녹지나 기복 있는 자연요소가 거리로 비집고 들어가 공존하고 있다. 그것이 생활공간을 윤택하게 해주고 마을의 특징을 이루어 왔다. 우리는 그 가치를 잃어버리지는 않았는가. 예를 들어 미나토 구에는 많은 외국인이 거주하고 있는데, 그들은 복잡한 지형의 즐거움이나 늘어서 있는 양옥이 자아내는 풍경의 매력을 알고 있다. 연예인이 많다든가, 멋지다던가 하는 즉물적인 시점에서 파악하는 일본인보다 더 근본적인 가치를 이해하고 있는 것처럼 생각된다.

대형 개발에 의해서 지상의 것은 대부분 모습을 바꾸어 버렸지만, 도쿄에 있는 개성적이고 영속성이 있는 지면의 가치와 더욱 더 마주해야 할 것이다.

에도시대부터 근대까지 물과 결합된 산업·경제 기반을 구축해 온 '후카 강', 도심임에도 불구하고 풍부한 수변과 산세를 겸비한 '우에노' 등, 도쿄에는 세계의 어느 근대화 도시에도 없는 많은 재산이 있다. 원래부터 논의되어 오던 것이지만, 이 지진재해를 기회로 도쿄는 본연의 모습으로 되돌아와야만 한다. 글로벌 시티로서의 매력을 지니기 위해서는 도쿄다운 것이 나오지 않으면 안 된다. 도쿄 전체의 골격이나 역사적인 발전을 이해하여 커뮤니티나 생활문화 등, 기존의 도시공간을 살리면서 새로운 시대의 요청에 부응해 나가야 한다. 그것이 가능할 경우 넓은 의미로의 일본의 문화전략과 관광전략도 생기게 될 것이라고 생각한다.

최근에는 야나카에 국한되지 않고 사람들의 노력에 의해서 재미있는 형태로 소생한 거리도 생겨났다. 하지만 유감인 것은, 문화나 역사를 존중하는 시민운동은 많이 있는데 그 소리가 반영되지 않는 것이다. 여전히 택지조성 업자 주체의 개발이 진행되고 있는 실정이다. 부흥이 급해지는 이런 시기에야말로 공공이 나서야 한다고 생각하지만 최근 20년 동안 공공 측이 비전을 가지고 도시를 만든 적은 없었다.

이제 소홀히 할 수 없는 상황이다. 지금까지 도로나 산업 기반의 인프라 만들기에 투자해 온 것에서, '생태와 역사로부터 도시를 재생해 나간다'로 방향을 바꾸지 않으면 안 된다. 의식 개혁을 해야 하는 시기가 오고 있다.

지역 재산의 발견, 원점 회귀는 세계화의 정반대의 현상일지도 모르지만, 지역적인 힘을 가지는 것이야말로 글로벌 사회에서 살아남을 수 있는 유일한 방법인 것이다. 우리는 그것에 에너지를 할애하지 않으면 안 된다.

3-6 정보통신

야스다 히로시(도쿄 전기대학 미래과학부 학부장)

재해시라도 휴대폰은 '통한다'

동일본 대지진의 발생 직후부터 수도권에서도 휴대전화로 통화나 메일의 송수신을 하는 것이 불가능해졌고, 전철이 멈춰 도쿄 등에서 발생한 많은 '귀가 난민'에 대한 이야기는 불안과 혼란을 조장했다. "한신 대지진 때에는 제대로 통신이 되었는데"라고 하는 사람도 있지만, 당시(1995년)에는 휴대폰의 보급률이 낮았고 전파에 '여유'가 있었기 때문에 통화가 가능했다. 국민의 대부분이 휴대폰을 가지고 있는 현재, 기지국 사이를 잇는 중계선의 용량은 1명분의 통화 대역으로 20명을 감당하는 정도이다. 평상시에는 이러한 부분이 큰 문제가 되지 않지만, 이번과 같이 안부 확인 등이 집중되는 경우에는 대응하기가 어려워진다.

한편, 이번 지진재해에서는 때마침 보급되기 시작한 트위터가 대활약을 했다. 트위터는 '짧은 단문'이므로 1회에 보내는 정보량이 적어 송신량이 증가해도 빨리 왕래할 수 있었다.

사실, 발신규제의 방식을 연구하면 휴대폰으로도 통신이 가능하다. 즉 한 명의 1회 통화시간을 30초로 한정하는 것이다. '중계선의 용량은 20분의 1 정도', 그러므로 30초×20=600초, 즉 최대 10분간 기다리면 통화할 수 있다는 계산이 나온다. 긴급 시에는 화상의 송수신을 정지하고 통화(음성)를 제한 하는 조치를 강구한다면, 데이터 통신은 문제없이 OK. '재해 시에 휴대폰이 작동하지 않는다'라고 하는 상황만은 피하기 위해 지혜를 짜 내어야 할 것이다.

'전파 공공도로'를 정비하라

앞서 서술한 것은 주로 개인 차원의 긴급연락에 대한 이야기였다. 앞으로 올 대재해에 대비한다면 국가 차원의 비상용 통신 인프라를 완비해 두지 않으면 안 된다. 유감스럽게도 그것은 현재로써는 굉장히 불충분하다. 그러나 환경정비 그 자체는 결코 힘든 사업이 아니다. 오히려 지금이 그것을 하는 '마지막 찬스'라는 것을 소리 높여 말하고 싶다.

내가 제안하는 것은 '전파 공공도로'의 정비이다. 고속도로의 갓길에 비유하면 알기 쉬울 것이다. 갓길을 일반차량이 통행하는 것은 금지되고 있다. 사고 등이 발생했을 때 본선이나 추월 차선이 아무리 정체되어 있어도 긴급차량이 재빨리 현장에 도착해 사고처리나 부상자의 반송에 임할 수 있게 하기 위해서다. 갓길은 긴급상황을 위한 전용차선으로 평상시에는 사용되지 않는다.

같은 방법으로, 전파에도 재해발생 시에 정부가 관리하는 전용의 주파수 대역이 필요하다고 생각한다. 위에 기술한 것처럼, 비상시에는 모든 통신 사용이 급증한다. 현재 상태로는 재해 시 주요통신이 우선시된다는 보장이 없다. 지금의 일본 통신환경은, 마치 사이렌을 울리는 구급차가 대정체를 누비며 가는 것과 같은 상황에 놓여 있다. 그것은 급하게 위성통신까지 들먹였지만, 결국 지자체가 긴급연락이 마음대로 되지 않은 잇따른 이번 대지진의 교훈으로 깊게 되새겨야 한다.

그렇다면 어떻게 해야 할 것인가? 구체적으로 말해보자. 지진재해의 영향으로 도호쿠 3현에 대해서는 연기되었지만, 2011년 7월 24일까지 텔레비전의 아날로그 방송은 지상 디지털 방송으로 이행된다. 이에 따라 아날로그 방송의 주파수 대역이 '비게 된다'. 이 부분을 '공공 도로'에 사용하는 것이다. 가장 먼 곳까지, 흔들리지 않게 정보를 보낼 수 있는 NHK(제일 방송)의 대역이 최적이라고 나는 생각한다. 아무리 속도를 내는 구급차라도 현장에 도착하는 것이 늦으면 사람을 구할 수 없다. 이와 같이 만일의 사태에 정보를 무난히 교환할 수 없을 경우 아무리 뛰어난 통신기술이라도 그림의 떡이다. '도로'가 정비되어야만 거기에 적합한 기술개발이 가능하다고 할 수 있다.

그러나 사태는 예측을 불허한다. 비어 있는 주파수 대역은 통신업자에게는 매력적인 목표이다. 국가재정이 힘들 때, 알맞은 가격으로 매각해야 한다는 논의가 진행되고 있다. 빚을 갚고 싶은 마음은 안다. 하지만 국가의 백년대계를 생각했을 때, 과연 그것이 올바른 판단일 것인가. 지금 돈을 벌기 위해 주파수대를 비워주면, '전파 공공도로' 건설의 기술과 비용 면에서의 장애물은 한없이 높아진다. 이러한 의미에서 이번이 마지막 찬스이다.

도쿄에서 무엇이 일어날까

수도 도쿄를 포함한 남관동 지역에서 언제 일어나더라도 이상하지 않을 대지진. 그 피해를 가능한 한 경감하기 위해서라도 '전파공공도로'의 정비는 시급한 과제이다. 한 가지 예를 들어보자.

도쿄의 간선도로에는 수많은 육교가 설치되어 있다. 진도 7의 대지진이 덮치면 대부분이 붕괴하여 도로를 막는다. 또한 JR야마노테선의 고가가 무너져 안쪽이 둘러싸여 '성벽'에 갇혀버릴 가능성도 부정할 수 없다. 이는 도심부에 사는 사람들의 불안을 부추길 수 있다. 동일본 대지진에서는 동북도를 비롯한 수도권 등에서 재해지로의 대동맥이 끊겨 구원활동에 장애가 되었지만, 도쿄에서는 인구밀집지역의 "모세혈관의 막힘"이 장해가 될 확률이 크다.

그러한 상황에서 구조 · 지원 활동을 실시하기 위해서는 긴급차량이 장애물을 피하여 신속하고 효율적으로 돌아다닐 필요가 있는데, 도쿄에서 과연 그것이 가능할까? 어느 심포지엄에서 도쿄 도청의 관계자에게 그 점을 질문해 보았다. 대답은 '차량용 네비게이션이 있으니까 괜찮다'라는 것이었다. 분명히 지금의 차량용 네비게이션은 도로의 혼잡상황을 정확하고 상세하게 가르쳐 준다. 하지만 그것도 수집된 정보가 차량에 탑재된 단말기에 제대로 전달되는 것이 대전제이다. '재해 시에는 기존의 무선이 혼잡해지고 중요 통신이 두절될지도 모른다'는 생각이 재해 담당자에게 조차도 희박한 것이 문제다. 이대로 방치하면 차량용 네비게이션도 쓸모가 없어지게 될 것이다. 그렇게 되지 않기 위해, 만일의 경우를 대비해 '자유롭게 사용할 수 있는 주파수 대역'을 확보해 두는 것이 반드시 필요하다.

결단하면 할 수 있다

정보통신의 입장에서 제안을 두 가지 더 말해 본다.

하나는 지자체의 BCP(Business Continuity Plan), 한마디로 말하면 도시기능 정보의 상호 백업의 추진이다. 일본은 국내외의 지자체와 자매도시 결연을 맺는 경우는 많다. BCP는 단순한 우호관계에 머무르지 않고, 지자체가 보유하고 있는 중요 정보가 물리적으로 소실되었을 경우에 대비해 각각의 데이터를 서로 주고받으며 날마다 갱신해 가는 시스템이다.

이번 대지진에서는 관공서의 시설이 괴멸적인 피해를 입은 결과 적지 않은 지자체에서 주민의 기본정보 등이 없어져 부흥에 장해가 되었다. 그 당시 재해 없이 원거리에 위치한 지자체에 데이터가 백업되어 있다면 그러한 사태는 막을 수 있다. 도쿄 도의 BCP 상대로 적합한 곳은 거리나 규모로 보아 오사카 부이겠지만, 2, 3개 구는 개별적으로 현청 소재지 등과 '자매 결연화'하는 것이 좋을지도 모른다.

둘째는 전파와 같이 비상시 전원 확보의 중요성을 강조해 두고 싶다. 재해상황 등을 파악하는 센서기술은 장족의 발전을 이루었고, 그것을 잇는 네트워크도 존재한다. 그러나 후쿠시마 제일 원자력 발전의 사태에서 전형적으로 볼 수 있듯 이번 지진재해에서는 이러한 기술들이 제대로 기능을 다하지 못했다. 구동을 모두 공공전원에 의존하고 있었기 때문에, 그것이 다운되는 것과 동시에 사용할 수 없게 되어 버렸던 것이다. 배터리를 조립한 자립 가능한 센서를 최소한이라도 일정 비율 짜 넣어둘 필요성을 통감한다.

전혀 논의되고 있지 않지만 휴대전화 기지국의 전원도 문제다. 수도권의 재해가 대규모 정전이라는 사태에 직면하게 되면, 현재 상태에서는 발신 규제를 운운하기 이전에 휴대폰이 연결되지 않게 되며 복구까지는 시간이 필요하다. 예를 들어 태양전지와 배터리를 조합한 전원의 도입을 심각하게 생각하지 않으면 안 된다.

긴급 시에는 발신 규제를 하자, '전파 공공도로'를 구축하자, 그런데 결국 문제는 정치력이다. 기술은 있다. 그 다음은 결단이다. 동일본 대지진으로 그 과제가 부각된 지금 하지 않으면 언제 할 것인가? 나는 그렇게 생각한다.

3-7 안전구역과 대심도 지하 라이프라인 (on site와 network)

오지마 토시오(와세다 대학 명예교수)
마스다 유키히로(도요하시 기술과학대학 대학원 준교수)

일본은 1945년의 패전 후 전쟁을 포기했기 때문에 전쟁에 직접 관련되어 오지는 않았지만, 자연재해가 시민의 생명이나 재산을 위협하고 있다.

2003년에 세계적인 화재보험회사인 독일의 뮌헨 화재보험회사(Munich Re Group)가, 세계의 50 도시에 대해 'A natural hazard index for megacities(대도시의 자연재해 위험도 지수)'를 산출했다. 도쿄 · 요코하마 지역은 710포인트로, 뉴욕 42포인트, 로스앤젤레스 100포인트 등과 비교해서 높은 수치를 나타내고 있다. 자연재해 위험도 지수는 대도시권 전역에서의 물적인 손실 가능성에 대하여 화재보험회사의 입장에서 평가를 시도한 것이다. 산출방법에는 논의의 여지가 있지만, 일본이 세계에서 자연재해의 위험성이 가장 우려되는 지역에 있는 것은 의심할 여지가 없다. 일본 대도시의 안전대책에 대한 경종으로써 진지하게 받아들일 필요가 있다(그림 1).

'언제 일어나도 이상하지 않다'고 말할 수 있는 도쿄 직하형 지진의 경우, 문부과학성 지진조사 연구 추진 본부에 의하면, 남관동 지역에서 매그니튜드 7 정도의 지진이 일어날 확률은 2006년부터 30년 이내에서 70퍼센트, 50년 이내에서 90퍼센트로 산정되어 수도권에 있어서의 대규모 지진 발생이 임박해 있다. 개연성이 높다고 여겨지는 도쿄만 북부를 진원으로 하는 지진이 발생할 경우, 도

대도시	인구 (백만)	총 위험도 지수	위험도 지수(내역)		
			위험성	취약성	손실 가능성
도쿄 · 요코하마	34.9	710	10.0	7.1	10.0
샌프란시스코 만	7.3	167	6.7	8.3	3.0
로스앤젤레스	16.8	100	2.7	8.2	4.5
오사카 · 고베 · 교토	18.0	92	3.6	5.0	5.0
마이애미	4.1	45	2.7	7.7	2.2
뉴욕	21.6	42	0.9	5.5	8.3
홍콩 주강 델타	14.0	41	2.8	6.6	2.2
마닐라	14.2	31	4.8	9.5	0.7
런던	12.1	30	0.9	7.1	4.8
파리	11.0	25	0.8	6.6	4.6

출처) Munich Re Group : topics, ANNUAL REVIEW : NATURAL CATASTROPHIES 2002, pp.34~39, 2003

그림 1 대도시의 자연재해 위험도 지수

쿄도 방재계획의 피해 예상을 보면 도내에서만 사망자 6,400명, 부상자 161,000명, 건물의 전괴 471,000동 등이다(겨울의 저녁18시, 풍속 15미터 매초의 상정). 피해액은 112조 엔에 이른다는 중앙방재회의에 의한 계산도 있다. 무엇보다도 일본의 정치, 행정, 사법이나 금융, 증권, 환율, 상품시장 등의 중추 기능이 마비되어 미치는 영향은 심각하다.

피해가 보다 광범위하게 미치는 동해 · 남해 · 동남해 연동형 지진 등의 해구(海構)형 지진이나 대형 태풍 등도 각오해야 한다.

자연재해에 의한 피해를 최소한으로 하기 위해서는 내진 · 내화 · 내홍수형 건축물의 보급, 방재도시 만들기의 추진, 상하수도 · 전기 · 가스 · 통신 등 라이프라인의 확보, 기업이나 주민의 방재의식 계발이나 방재교육, 효과적인 방재훈련의 이행이 요구된다. 또한 피해를 당한 자산의 복구나 상공업의 사업 지속 등을 부흥자금으로 확실히 조달하는 것이 중요하고, 각국의 보험회사나 화재보험회사가 이러한 도쿄의 요구에 응하게 하는 하드 · 소프트 양면의 조건 정비가 필요하다.

그런데 현재 상태로서는 도시나 건물의 안전성, 신뢰성에 관한 과학적인 정보가 너무나 적은 것이 문제이다. 도시 간 경쟁의 시대에는 신뢰받는 도시 만들기를 위해서 정보공개와 설명의 책임 하에 방재 · 감재(減災) 대책의 확실한 추진과 그 정보 발신을 도모할 필요가 있다. 예를 들어 뮌헨 재보험회사의 지수 산정 조건에 준거하면서, 수도 직하 지진의 피해 예상범위에 준하는 지역을 검토대상 범위로 지정하여 그 범위를 좁힌다. 게다가 손해를 입기 쉬운 정도가 3분의 1이 된다고 하여 지수를 계산한다면, 정량적으로 계산 가능한 부분만을 추출하고 아래에 기술하는 안전구역(倫中的 생각)역자주)에도시대에 홍수로부터 마을이나 경작지를 지키기 위하여 주위를 둑으로 두른 지역. 또는 그것을 위한 마을의 조직과 대심도 라이프라인의 건설을 고려해 재검토한 결과, 도쿄·요코하마의 지수는 38 정도로 격감되는 것을 알 수 있었다. '유비무환'이다(뮌헨 재보험회사의 리포트에는 계산과정이 상술되어 있지 않으므로, 이 수치는 어디까지나 시험 산식에 지나지 않는다).

경제의 국제화가 진행되어 사회경제적 활동의 정지가 세계적으로 영향을 미칠 수도 있는 상황 하에서는, 각 조직에 대해 사업지속계획(BCP: Business Continuity Plan)을 정해 재해 시에도 중요 업무를 유지하는 중요성이 부각되고 있다. 일본의 중추를 담당하며 많은 중요한 업무기관을 포함하고 있는 수도 도쿄는 업무 집적지로서 물, 에너지, 정보통신이라고 하는 라이프라인의 안전성과 신뢰성을 향상시켜 비상시라도 건물의 기능을 계속 유지하는 것이 최대의 과제이다.

재해 시에는 인명이나 건물을 직접적으로 지키는 것에 더하여 (직접피해의 경감), 건물의 기능불능에서 기인하는 간접피해를 피하는 데 대한 중요성을 잊어서는 안 된다. 재해대응 거점이 되는 행정청사나 병원, 공익기업이나 물류업자, 데이터 센터나 금융기관 등 도시의 기간적 기능이 재해 시에도 유지되어 업무가 지속되는 것이 재해지역이나 이재민의 생활을 지켜주고, 신속한 복구 · 부흥을 확실히 추진해 나가기 위한 디딤돌이기 때문이다.

또한 낮에 주변으로부터 들어오는 다수의 유입 인구를 거느리는 도쿄 시는 지진이 발생해 공공 교통기관이 운행을 정지했을 경우, 교통의 결절점이 되는 터미널 역을 중심으로 4,470,000명이라고 하는 대량의 귀가 곤란자가 발생될 것이 예상되고 있다. 그러나 거기에 대응하기 위한 행정이나 사업소의 식량, 물, 의약품, 생활필수품, 가설 화장실 등의 비축에는 한계가 있다.

수도 도쿄가 직면하고 있는 이러한 상황에 대응하기 위해서는 수도의 기능을 확보하기 위한 특별한 인프라를 만드는 것이 필요하다. 그것이 거점정비(on site)로서의 '안전구역'(Highly Protected and Secured District)과 거점 간을 묶는 대심도(大深度) 지하 라이프라인 네트워크(Deep Underground Lifeline Network)라고 생각한다(그림 2). 안전구역이란 대도시에서 100헥타르 정도의 고도 도시 기능 집적지구로, 대규모 지진 등의 광역 재해 시에 안전하고 신뢰성이 높은 구역으로 특별히 정비되는 지역을 말한다. 말하자면 지역 전체가 업무 지속(BCP)에 임한다는 생각이다.

안전구역의 특징은 자립성과 항감성(抗堪性)이라고 하는 두 개의 단어로 설명된다. 자립성은 건축의 구조 안전성을 의미하고 항감성은 BCP의 요구에 응하기 위한 비축이나 라이프라인의 기능 유지에 관한 개념이다. 신주쿠, 오마루 우치구(오오테마치 · 마루노우치 · 유라쿠초), 가스미가세키, 롯폰기, 도요스, 츠키지 등이 안전구역으로서의 정비대상 후보로 검토되고 있다.

대심도 지하 라이프라인이란 지하 40미터 깊이의 견고하고 안정된 지반에 설치되는 새로운 간선 공동구이다. 공공 계통의 도시 기반인 상하수도관 · 전력선 · 가스관 · 열공급관, 정보통신 계통의 케이블 · 물류기능(폐기물 수송을 포함한다) 등을 포함한다. 광역 재해 시에는 안전성이 높은 라이프라인으로 연안부로부터 도심부나 부도심부를 지원한다. 평상시에도 물이나 물류의 리사이클, 배열의 이용, 정보통신의 경로로 활용할 수 있으며, 수익성의 높은 우량한 사업으로서 민간들이 활용할 수 있어 경제적으로도 유익하다.

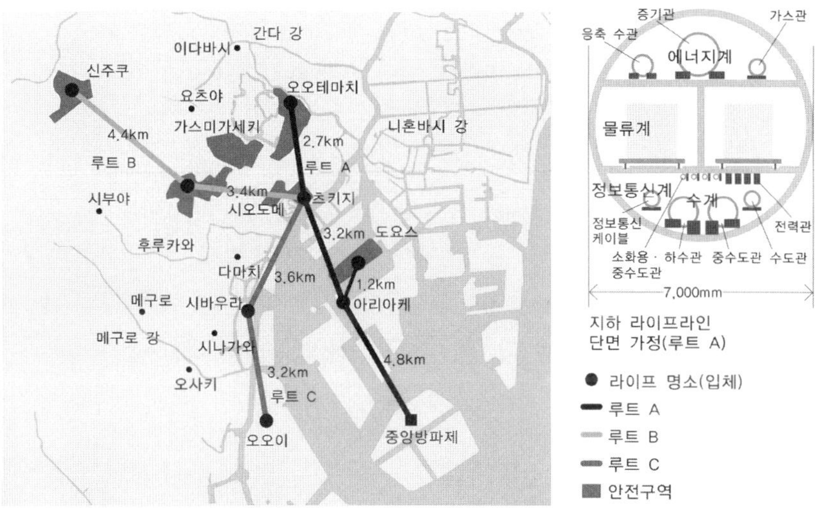

그림 2 거점 정비를 위해 '안전가구'로 거점 간을 묶는 도심 지하 라이프라인 네트워크

대심도 지하 라이프라인의 루트로는, 우선 도요스 - 아리아케 - 츠키지 - 가스미가세키 - 오오테마치 - 롯폰기-신주쿠를 연결하는 선이 유효하다. 도쿄 임해부에는 도가 지정되어 있는 광역 수송거점이 많이 존재해 재해 시에는 해상으로부터의 강력한 지원거점이 된다. 동경권의 기간적 광역 방재거점으로서 임해 부도심의 고토 구 아리아케에는 국가의 '유명한 (구)기간적 광역 방재거점'이 정비되어 재해 시에는 정부와 도쿄 도 등 지방자치단체의 합동 현지 대책 본부가 세워졌다. 재해지로의 긴급원조 물자의 집적, 화물처리, 분배 등의 역할도 담당한다. 더욱이 도요스에는 가스, 전기, 상수 간선이 집중되어 있어 도심의 주요 업무 집적지역과 안전한 대심도로 직결하는 의의는 크다. 향후 도요스 지구에 도의 중앙도매시장이 이전해 오면 냉동창고군을 포함해 식량 관계의 거점도 될 것이다.

한편, 공급대상이 되는 업무 집적지 중에서 내륙부에 있는 신주쿠 부도심은 도쿄도청사가 입지해 광역 재해 시에는 사령탑의 역할을 완수한다. 그런 만큼 방재성능의 향상이 불가결하다. 임해부와 신주쿠 방면을 묶는 구원물자의 수송수단으로는 헬리콥터에 의한 항공수송, 트럭에 의한 육상운송, 도쿄 도 지하철 오오에도 선을 이용하는 지하철수송을 생각할 수 있다. 헬기는 빠르지만 수송량이 적어 환자 반송이 최우선이다. 동일본 대지진에서는 대량 수송수단인 육상운송 능력이 큰 폭으로 저하해 문제가 되므로 대심도 지하공간을 활용한 물류 라인이 담당하는 역할이 크다. 신주쿠는 도심과 도쿄 서부를 연결하는 동경권의 결절점의 하나로서, 신도심으로서의 역할을 다하고 있다.

신주쿠를 안전구역으로 정비하여 신주쿠의 방재기능을 임해부의 유명한 (구)기간적 광역 방재거점과 대심도 지하에서 연결하는 것은 동경권에 있어서는 매우 유익하다. 또 한신・아와지 대지진이나 동일본 대지진의 사례에서 볼 때, 재해가 일어났을 경우에 많은 사람들이 피난하는 광역 피난장소와 더불어 구원물자를 받아들이는 것이나 복구, 구원활동 등의 거점으로 전용 활용할 수 있는 공간을 지역 내에 정비・확보하는 것이 중요하다. 신주쿠에서는 신주쿠 추오공원을 활용하는 것으로 대응 가능하다고 생각한다. 이와 같이 대심도 지하 라이프라인과 접속하는 고도의 도시기능 집적지구를 안전구역으로 지정해 전부 정비하는 것이 중요하다.

재해 열도인 일본은 1961년에 재해대책 기본법을 정하고 국토 및 국민의 생명・신체 및 재산을 재해로부터 보호하기 위해 방재에 연관되어 필요한 체제를 확립하고 있다. 구체적으로, 국가에서는 중앙방재회의 하에 방재기본계획을, 지방자치단체에서는 지역방재계획을 작성하고 있다. 수도 직하 지진 등의 경우, 긴급재해대책본부가 ① 총리대신 관저(위기관리 센터), ② 내각부(추우오 합동청사 5호관), ③ 방위성(중앙지휘소)에 설치된다. 또 그 예비 시설로는 도심으로부터 30킬로미터의 비교적 지반이 좋은 다치카와 광역 방재기지에 다치카와 방재 합동청사가 설치된다. 아리아케에는 긴급재해 현지대책 본부가 설치되어 수도권 광역 방재의 사령부 및 광역 지원부대 등의 베이스캠프, 재해 의료의 지원 기지로서 가와사키시(히가시오기시마 지구)의 물류 컨트롤 센터가 일체가 되어 기능한다. 이상의 관점에서 도쿄 도의 신주쿠 본 청사에 설치되는 도쿄 도의 재해대책 본부와 아리아케 · 다치카와를 연결하는 라이프라인 간선의 건설이 불가결하다.

안전구역에 있어서의 건물 등의 자립성(구조 안전)과 항감성(BCP)에 더하여 해안 측의 아리아케와 내륙 측의 신주쿠를 연결하는 약 10킬로미터의 대심도 지하 라이프라인의 건설은, 수도 도쿄의 신뢰성을 많이 향상시켜 재해보험 시장이나 부동산 시장 등으로부터 높은 평가를 얻어낼 수 있다. 뮌헨 화재보험회사의 지수를 710에서 38로 저하시키는 이러한 '안전구역'과 '대심도 지하 라이프라인'이 생기면 해외 화재보험회사의 활용도 가능하게 된다. 도쿄에 대한 국내외로부터의 투자와 활력을 끌어내는 큰 원동력이 될 수 있다. 수도 도쿄에서 관민(官民)이 총력을 기울여 시행해야 할 도시 프로젝트 중 하나이다.

제 4 장

일본재생의 2050년 계획

- 오지마 토시오 편

4-1 일본의 역사에서 배우는 2050년 계획

오지마 토시오(와세다 대학 명예교수)

일본 열도 2분화론

일본은 본토의 '등뼈'를 이루는 산맥을 중심으로 일본해 측과 태평양 측으로 나눌 수 있다. 또한 이토이가와 — 시즈오카 구조선을

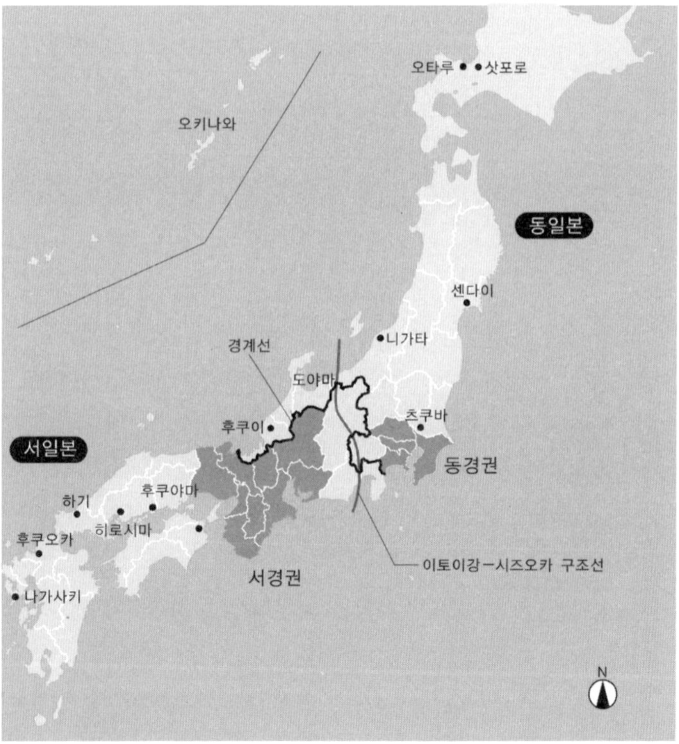

그림 1 일본 열도를 분할한 경계선

기점으로 동서로 나뉘어져 기후, 풍토뿐만이 아니라 문화적으로도 큰 차이를 보인다(그림 1).

일본이 국가로서 통일되어 법제도가 갖추어진 것은 아스카시대의 말기부터 나라시대에 걸쳐서인데, 율령체제에 의해 그 당시부터 동쪽 33개국, 서쪽 33개국으로 2분할되고 있다.

동서 문화의 차이는 풍토나 가치관의 차이이기도 하다. 그러한 차이가 공존하고 있기 때문에 일본의 활력이 지금까지 계속 되어 온 것은 아닌지 여러 가지 학설이 있지만, 어쨌든 한 일족의 천황이 1500년 이상이나 나라의 중심이 되어 계속 존재해 온 자체가 세계 역사상 드문 것이다.

천황이라고 하는 존재가 지금까지 계속 되어 온 배경에는 열도가 동서로 나누어진 것에 있다. 제도적 측면뿐 아니라, 옛날에는 농경문화와 수렵 · 어로 · 채집문화의 차이가 있었고 시대가 바뀌면서 타이라(平氏)와 겐지(原氏)성, 교토의 조정과 가마쿠라 막부나 에도 막부라고 하는 긴장관계가 발생했다.

동서가 여러 가지 의미로 서로 고심하고 노력하여 그 긴장과 자극으로부터 새로운 문화가 태어났다. 서쪽은 변하지 않고 지속되는 문화, 동쪽은 바뀌어 가면서 계승되는 문화라고 할 수 있다. 막부와 같은 무력을 배경으로 그때그때 변화하는 "권력"과 제사를 기반으로 변하지 않는 경외감을 불러일으키는 "권위"라고 하는 서로 다른 문화구조가 일본 열도에서 공존한다.

재해 열도이며 기후풍토가 다른 일본에서 생활 기반에 안전, 안심을 주는 지혜의 하나로 조건이 다른 두 지역에 생활거점을 가지면서 자조(自助), 상조(相助), 공조(共助)를 충분히 살려 오늘의 번영을 계승해 왔다. 그러나 동일본 대지진이라고 하는 전대미문의 천재지변과 후쿠시마의 원자력 발전 사고라고 하는 인재를 경험하고 보니, 새로운 라이프스타일로서의 '두 지역 거주' 시스템을 보급하지 않을 수 없다는 생각이 든다.

에도시대에 호족이 가신과 함께 갔던 참근교대(参勤交代)역자주) 에도시대에 막부가 호족의 통제책으로 호족들을 1년에 걸쳐 에도에 출사(出仕)시킨 제도. 그들의 처자는 에도에 인질로 거주시켰음)는 바꿔 말하면 2거점 거주이다. 당시 지방에 있던 지배계급은 에도와 자치령을 왕래하는 2지역 거주로 인해 에도라고 하는 대도시에서 얻을 수 있는 첨단문명을 향유할 수 있었고, 폭넓은 정보를 수집하여 지방에 전하는 한편 각각 독자적인 지역산업과 지역문화를 발전시켰다.

에도에 진출한 이세나 오오미 지역의 상인도, 본거지는 고향에 둔 채로 에도 등에서 장사하는 한편, 유행이나 취향 등에 관한 신지식을 받아들이고 상품개발 등의 역할을 하면서 지방 문화를 성장시켰다. 말하자면 에도는 정보 허브의 역할을 담당하고 있었던 것이다.

현대에 있어서의 2거점 거주는 교통과 정보통신의 발전으로 인해 참근교대처럼 1년 교대로 대도시와 지방을 왕래하는 것 같은 느긋함을 말하지는 않는다. 재택근무자는 제외하고, 평일에는 대도시에서 보내고 주말이나 장기휴가는 지방에서 생활하는 것 같은 로테이션이 우선 생각될 수 있다.

이른바 U턴과 I턴과 달리, 두 지역에 일정 기간 거주하는 활동 거점을 가지는 것으로, 도시와 지방 모두에서 발판을 구축하게 된다.

일본이 안고 있는 국토 구조의 가장 큰 문제는 태평양 측과 동해 측과의 격차가 매우 크다는 것과 동경권의 과도한 집중이다. 이러한 것은 메이지 이후 일본인이 당연한 것으로 여겨온 가치관, 즉 서양을 따라잡고 추월해야한다는 관념을 전환하는 것이다.

대도시에서 태어나 자란 사람은 온실 인간이 되지 않기 위해서라도 지방의 자연과 역사와 문화가 필요하다. 지방도시도 대도시의 육체노동과 두뇌노동으로부터 해방된 사람들을 받아들이고 소생시

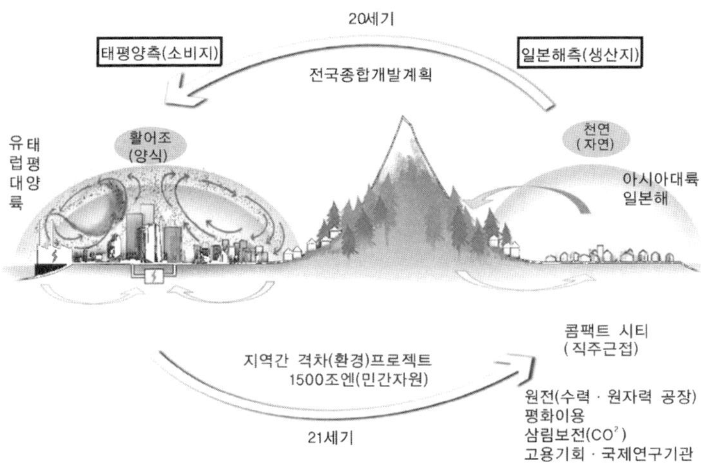

그림 2 활어조 상태가 된 대도시의 한계

키는 장치가 필요하다(그림 2).

육체노동에서 해방되어도 육체를 유지, 단련하는 스포츠를 해야 한다. 두뇌노동에서 해방되어도 여가활동을 통해 두뇌를 재활성화하지 않으면 안 된다. 레저 및 스포츠, 여행 및 예능 같은 "놀이"의 세계를 기르기 위해서는 2거점 거주생활 양식이 도움이 된다.

사람들이 풍요롭게 되면 보다 고차원의 욕구로 레저를 추구하게 되는데, 이로 인해 관광이 큰 산업이 된다. 관광거점은 자연도 있고 인공도 존재하는 온리원(Only-one)이자 넘버원(Number-one)인 것이 요구된다.

동경(東京)권과 서경(西京)권의 수도기능 분담

일본의 인구는 2000~2050년에 1억 2,793만 명에서 9,515만 명으로 23퍼센트 이상 감소할 것으로 예상된다. 또한 대도시의 취업인구가 10퍼센트 감소하는 것에 비해, 지방도시에서는 30퍼센트 이상, 동북 6현에서는 40퍼센트 이상 감소할 것이다(그림 3).

이것을 보완하기 위해 일본을 동서로 나누어 동쪽에는 행정수도(도쿄), 서쪽에는 제사(교토)를 위한 수도를 둔다. 각각의 수도권에 사는 인구의 30퍼센트가 지방도시에도 주거를 가지고 있어 지방도시 인구의 감소와 활력 저하를 방지한다.

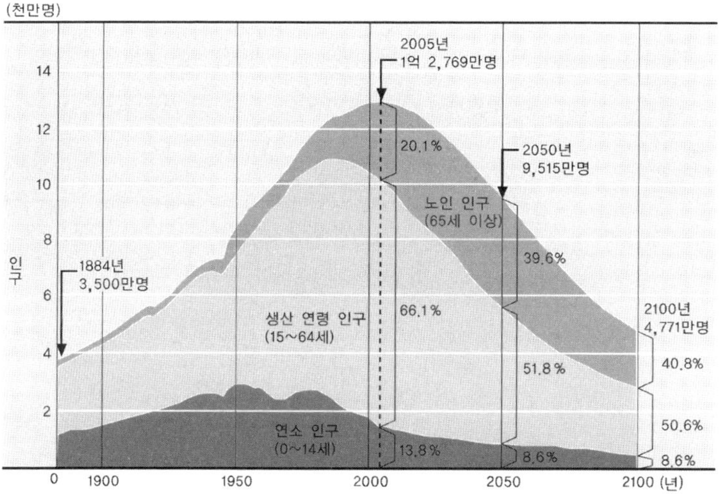

그림 3 일본의 인구변화

동서의 두 수도는 세계 문화·문명의 모델 도시로서, 현재의 외국인 100만 명에서 다섯 배 증가한 500만 명분의 거주공간을 만들어 격차를 줄이고 국제적 지위를 강화한다. 대도시에는 국제 도시 인프라로써 안전·안심을 보장하는 안전망을 만든다.

그 하나로 선적인 신칸센이 있어 동서 두 도시를 하나로 연결한다. 또한 국제교류 인구를 증가시키기 위해서는 거주공간과 교육·의료시설의 국제화를 지방 도시부터 서둘러 조성할 필요가 있다.

고령화와 인구감소로 1차, 2차 산업 기반이 약해지고 있는 일본에서 미래를 보장받을 수 있는 산업은 국제 관광거점의 창조이다. 이를 위해서는 고령자의 활용을 가능하게 하는 하드·소프트 두 가지 측면 모두에서의 사회자본 투자가 요구된다(그림 4). 국제 관광객과 GDP에서 차지하는 국제 관광수입과의 관계를 보면, 일본이 얼마나 관광산업 측면에서 정체되어 있는지 알 수 있다(그림 5).

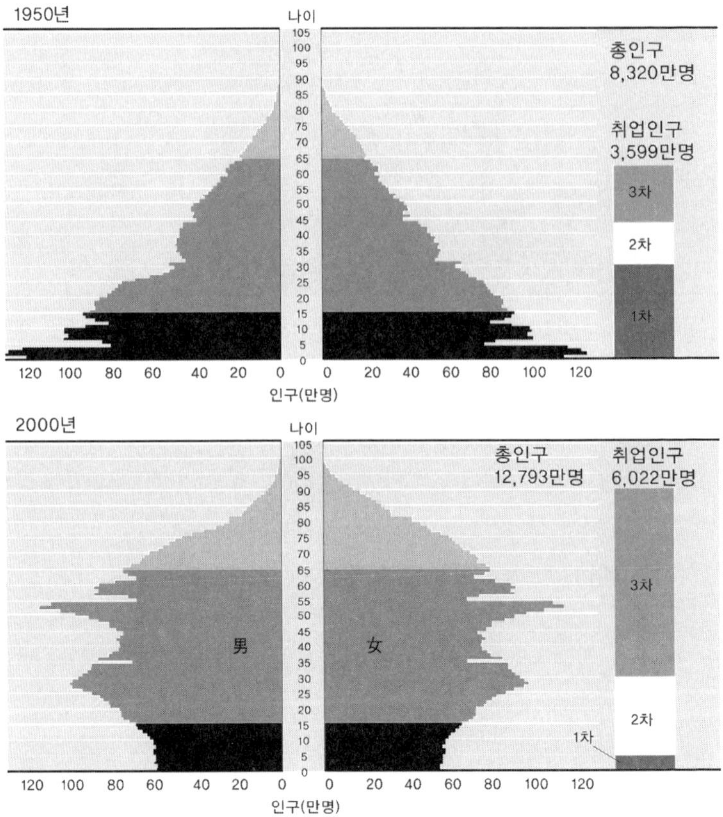

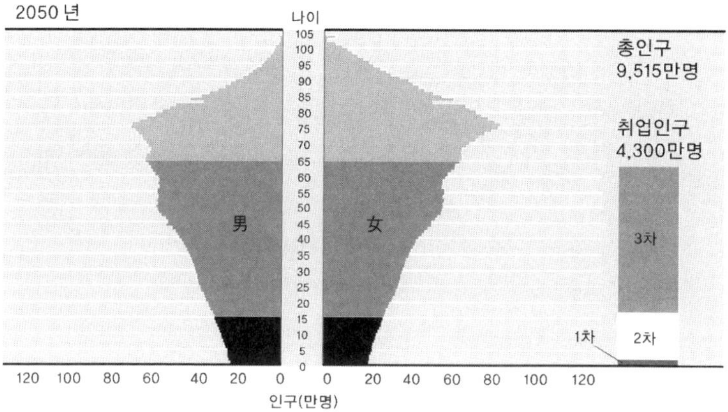

그림 4　산업구조와 연령계급별 인구구성

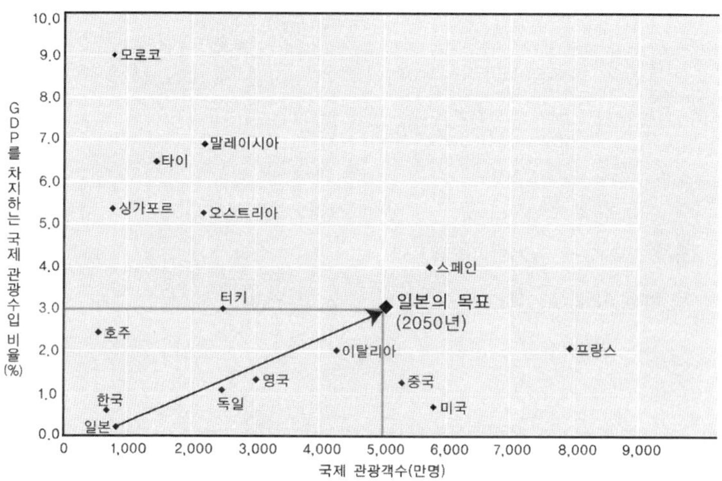

그림 5　국제 관광객 수요와 GDP를 차지하는 국제 관광수입 비율과의 관계

일본이 20년간의 정체에서 벗어나기 위해서는 오랜 역사 속에서 권력과 권위가 동쪽과 서쪽으로 나뉜 존재의 의미를 다시 한 번 되돌아보아야 한다고 본다.

변하는 것으로 인해 "권력"을 유지하는 동쪽과 변하지 않는 기도와 제사 속에서 "권위"를 유지하는 서쪽이라는 두 문화권의 존재가 일본의 "지속 가능한 발전"의 원동력이었다는 것을.

이렇게 생각하면, "권위"의 상징인 천황이 도쿄의 옛 에도 성인 "권력"의 자리에 상주하는 것은 적합하지 않다. 교토 황궁 영빈관은 철저히 현대적인 일본풍이며 도쿄 아카사카의 영빈관은 버킹엄 궁전의 축소판으로, 두 영빈관을 비교하는 것만으로도 변화를 최고의 목표로 삼는 "권력"과 변하지 않으며 유일하게 지속되는 "권위"의 차이를 알 수 있다.

도쿄와 교토의 두 거점에 황궁이 존재하는 것으로, 교토 본거지로 도쿄를 예비 수도(황궁)로 하는 것은 어떠한가?

시대를 넘어 변하지 않는 제사의 수도로서의 서경권은 세계 유일의 문화를 목표로 세계 평화에 기여한다. 서경권은 긴키권(近畿圈)역자주)교토, 오사카의 2부(府)와 시가, 효고, 나라, 와카야마, 미에의 5현을 합친 지역과 중부권을 합한 것으로, 동경권과 모든 면에서 상호 지원이 가능하다("일본은 세계의 명소" 오시마 토시오의 중앙공론신사).

이세, 이즈모, 우사, 스미요시 등, 본사(本社)가 많이 모여 있는 곳이 서일본이며, 그곳의 절이나 궁 총본사로부터 나오는 분사(分

社)역자주)본사에서 신령을 나누어 모신 신사)와 말사(末寺) 본산(本山)의 관할 하에 있는 절가 많이 세워져 있다. 그 중심에는 천황가가 있는데, 천황가의 신사나 사찰은 직결되지는 않지만 지금도 상징의 형태로 존재하고 있다. 서경권에는 지금도 제사의 수도 기능이 잠재하고 있는 것이 확실한데, 그것을 좀 더 국제 관광자원으로 활용해야만 한다.

대도시와 지방도시의 상호보완

우리는 일상생활 지역(on site)과 비일상 생활권(network)을 가지고 있는데, 재해 시에 일상생활권이 직접적인 영향을 받아도 이에 일시 견딜 수 있는 것이 자립이며, 그 안전을 유지하는 것이 삶의 기반이 된다. 그 위에 광역으로부터의 지원을 얻을 수 있어야 안심이 보장된다. 자조(on site) · 상조(network) · 공조(insurance)가 시민의 안전 · 안심의 기본이다.

에도시대의 일본은 에도와 위쪽의 두 대도시와 200여 개의 번(藩)이 서로 자립해 있었다. 각 번은 자급자족을 그 방침으로 하면서도, 행정수도로는 에도, 제사 및 상업수도로서는 교토와 오사카를 활용하고 있었다. 이 때문에 에도의 참근교대와 제사, 강(講)역자주)경전(經典)을 듣거나 신불에 참배하는 모임 등의 제도에 의해 강한 네트워크로 연결되어 있었다. 에도 초기의 100년 동안 인구가 1,200만 명에서 3,000만 명으로 증가하고, 그 후로도 200년간 평화로운 시대를 이어갔다. "세계 시장에서 평화문제를 생각하는 경우, 에도시대야말로 일본인이 세운 최고의 지혜"라고 역사학자 아놀드 토인비는 평하고 있다.

1950년부터 2000년까지 50년간 일본의 인구는 약 8,000만 명에서 1억 2,793만 명으로 4,000만 명이 증가했다. 그 대부분이 대도시에 집중되어 있었지만, 지방도시에 대해서도 전국 종합개발계획을 통해 국토의 균형 있는 발전을 도모했다. 지방 사회자본으로서의 인프라스트럭처(공항, 항구, 신칸센, 고속도로, 각종 공장, 콤비나트, 대학 등의 공공시설)는 물론 주택이나 사무실, 각종 학교 등의 시설은 과잉 투자되어 있다.

2050년까지 예상되는 지방에서의 2,000만 명 이상의 인구감소와 고령화 사회를 생각해보면, 이들 시설의 활용을 위해서라도 지방으로의 기능분산이 필수 불가결하며 직장과 생활의 활성화가 기대된다. 도쿄로의 집중화는 국제 사회의 경제 경쟁 하에 있고 앞으로도 가속화될 것 같은 분위기지만, 동일본 대지진을 계기로 동경권에서 30퍼센트의 인구와 직장의 이전을 생각해 보면 어떨까? 대기업의 경우 지방 지점으로 이전을 고려하고, 대학이나 연구기관의 투자는 지방을 우선시하며 공장의 증·개축도 지방으로의 이동을 유도한다. 직장이나 교육기관의 지방이전을 촉진함으로써 생활거점의 이중화를 추진한다. 일례로 단신 부임을 폐지하거나 지방과 대도시 모두 집을 가진 사람을 우대한다. 지방 주권이 확립되고 있는 시대에 맞춰 지방의 도시기능을 충실히 해나가면 비상시에는 대도시의 지원이 충분히 가능하게 된다. 데이터 센터에 지원이 실현될 수 있도록 분산투자(포트폴리오)와 동시에 지금의 생산과 소비, 농촌과 도시를 분리시킨 정책에서 양자를 겸비하는 공존형 프로젝트를 시급히 추진해야 한다.

지방도시의 자립과 국제화

전국 종합개발계획은 국토의 균형발전을 명분으로 해왔기 때문에 신칸센이나 120만 킬로미터의 고속도로, 98개의 공항, 997개의 항만, 7억 제곱미터의 공공건축 등 낭비라고 할 정도의 유형 고정자산에 대한 투자로 그 재고가 방대하다.

2007년도 자산 총액은 1,200조엔(공공건축 200조엔, 주택 251조엔)이고 전 국민의 예금은 1,300조엔에 상당한다. 그림 6은 일본의 공항과 항만분포의 일례를 나타내었다. 이것을 보면 육해공(陸海空) 수송밀도에 있어서 세계에서 비길 데가 없지 않을까? 이러한 사회시설을 제대로 활용하지 못하는 것은 문제가 있다. 이 문제점을 해결하기 위해서 공설(公設)민영의 전형인 민간투자자금을 활용하여 이용방법을 전환할 필요가 있다. 또한 이러한 시설을 꾸준히 유지·사용할 필요가 있다. 그런 새로운 가치관을 라이프스타일로 정착시키고 활성화시키는 것이 두 지역 거주제도의 권장 이유이다.

지구환경을 보호하기 위해 저탄소형 사회를 일본에서 실현하려

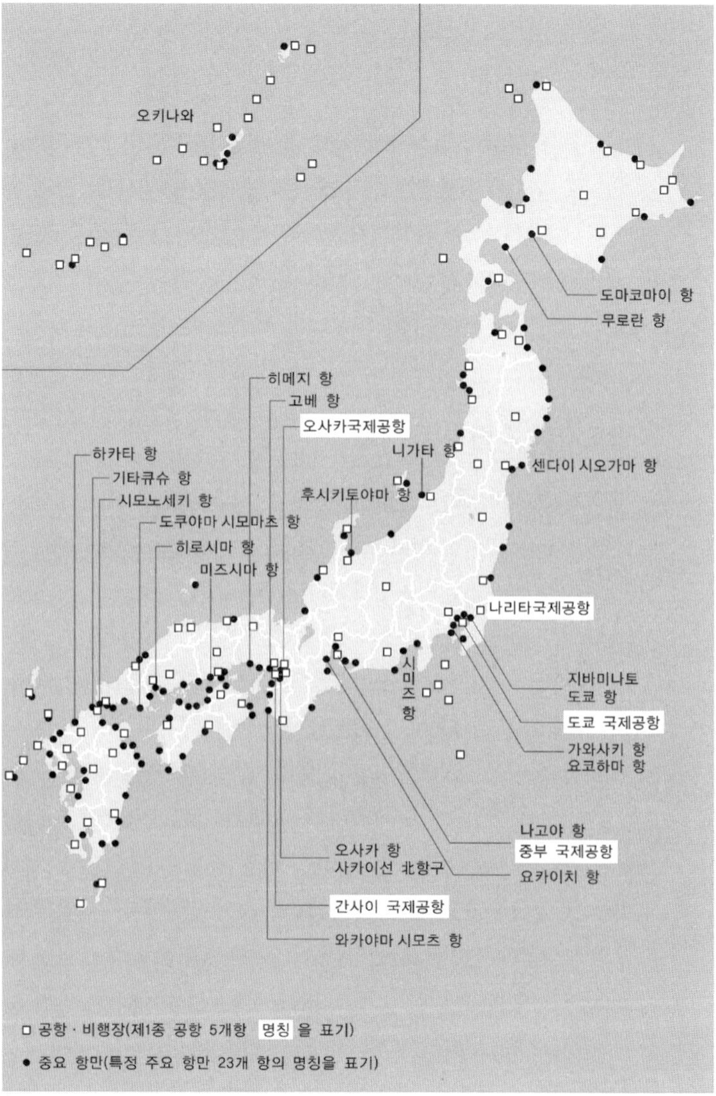

그림 6 전국의 공항 비행장과 중요 항만

고 한다면, 대도시에서도 교통, 건물 에너지 소비 등을 2050년까지 과감히 절감하지 않으면 안 되고, 이에 따른 새로운 라이프스타일을 생각해야만 한다. 한편, 지방도시도 차량이 없어도 살 수 있는 대중교통의 정비, 대도시에 비해 상대적으로 면적이 넓은 주거의 자원절약, 에너지절약, 대도시보다 많은 1인당 소비방법의 검토 등 라이프스타일의 변화가 필수적이다. 이러한 큰 변화를 가져오기 위한 중요한 요소가 "토지"와 "공항항만 등의 사회자본" 활용이다.

국제 교류에 대해서 말하면, 일본은 지금도 쇄국상태로 관광객과 유학생은 물론 연구자나 기술자의 국제 교류도 매우 적다. 국제 교류를 더욱 활발하게 하려면 지방도시를 활용해야 한다. 대형 쓰레기 같은 건물을 철거하고 더 아름다운 도시경관을 만들어 가야한다. 풍부한 자연과 온천, 또한 스키장과 해수욕장도 갖추고 있다. 일본 지방도시의 산해진미의 재료도 갖추어져 있고 인심도 좋다. 치안의 우수함은 세계적으로 정평이 나있다. 그 나름대로의 도시기반을 갖추고 있는 인구 5만~10만 명의 소도시로, 지금도 500년 이상의 역사가 숨 쉬고 있는 거리가 이 정도로 많은 나라는 세계 어디를 둘러보아도 없다.

지방도시가 가지는 고유의 일본적인 풍요로움과 여러 가지 독자적인 문화를 살린 활동을 널리 해외에 전한다면, 국제 교류는 반드시 활성화 된다. 그것을 위해서는 주민의 에너지를 결집시키는 "리더"의 역할을 빠뜨릴 수 없다. 그러므로 리더가 될 만한 인물을 어떻게 제대로 육성하는가가 매우 무거운 과제로 남아 있다.

4-2 일본을 재생시키는 농업 농촌계획

센가 유우타로(도쿄 농공대학 대학원 농학연구원 교수)

근현대 문명의 붕괴를 눈앞에 두고

피해지역 부흥의 연장선에서 2050년의 농촌 농업의 모습을 생각해 본다. 먼저 19세기 이후 근현대의 "패러다임"의 종말에 대해 언급하고자 한다.

근현대는 지역의 자연이나 공동체로부터 분리되어 나온 개인으로 구성된 "시민사회", 시민에게 국민으로서의 자각을 갖게 하고 개별 국가가 관리하는 "국민국가", 자본주의적 "시장 경제"가 삼위일체의 형태로 만들어진 사회이다[1]. 그리고 과학기술의 급속한 발전은 자본 축적의 교묘한 경제 시스템과 서로 맞물려 수많은 나라의 경제성장을 이끌어 내었고, 이를 통해보다 풍요로운 사회의 실현이 한없이 계속될 것이라고 많은 시민들은 믿어 왔다.

그러나 2008년 일어난 세계금융 위기에 이어, 2011년 3월에 발생한 거대한 해일피해와 원전사고의 상상을 초월한 심각성에 그러한 미래에 대한 기대가 환상에 불과하다는 것을 우리는 깊게 깨닫게 되었다.

그렇다면 2050년은 도대체 어떤 사회가 될 것인가? 이것을 생각할 수 있는 힌트는 바로 현 시점에서 지구·지역에 표면화 되고 있는 "위기" 자체에 있다. 일본재생을 위하여 농촌 농업의 모습을 그려보는 것이 지금 바로 요구되고 있다.

1) 우치야마 절 "청정되는 정신" 시나 노 마이니치 신문사, 2009.

지구의 위기 하에 "농촌지역 산업"의 정의

20세기 말 무렵부터 지구 온난화, 식량부족, 석유고갈, 생태계 파괴 같은 전 지구적인 수준의 위기 징후가 곳곳에서 나타나고 있으며, 최근 점점 더 현저하게 늘어나고 있다.

이러한 지구위기의 해결은 경제성장과 과학기술의 고도화와 거점지역 · 시설의 지원에 크게 기대해 온 지금까지 체계에서는 불가능하며, 국토의 과반을 차지하는 농 · 산 · 어촌 지역의 잠재력을 충분히 발현시키지 않고는 해결할 수 없다. 어떻게 보면, 인구감소와 고령화로 생존위기에 휩쓸리고 있는 농촌지역에 강한 "순풍"이 불고 있는 것이다.

유럽 각 지역의 농촌은 이미 잘 대응하여 21세기형 농촌으로의 탈피에 성공하고 있는 곳이 적지 않다. 농촌에 불고 있는 바람을 어떻게 "돛"을 세워 받아들일지, 지금 강하게 요구된다. 2050년에는 일본에서도 이러한 순풍을 받아들여 농촌지역의 산업이 다음의 정의에 표시된 것과 같이 종합적이고 매력적인 것이 될 것으로 기대한다.

농촌지역의 산업은 "농림 수산물 및 재생 가능 에너지를 생산하고, 숲의 적정한 관리를 통해 CO_2 흡수에 기여하며, 자연환경과 국토보전 및 인간성 회복을 위한 서비스를 제공하고 농촌이라는 유리한 입지환경을 이용하는 다양한 사업체를 포함하는 종합적인 산업부문"이다.

중요한 것은 사회의 요구와 지역의 입지를 근거로 한 다각적인 노동 장소를 확보하는 것이다. 그리고 그 가능성은 유럽 등의 실정에서 보면 일본에서도 충분히 존재한다. 지금까지 일본 특유의 "종적 행정"과 기득권의 "이권구조"가 이러한 지역산업의 활성화를 거부해 온 것이다.

"농촌지역 산업"의 추진방법

위에 정의된 농촌지역 산업의 진흥을 위해서는 구체적으로 다음과 같은 추진방안이 요구된다.

① **식량 자급률 향상과 지산지소(地産地消)** 역자주)지역에서 생산한 농산물을 지역에서 소비하는 활동

기후변화, 개발 적지(適地)와 수자원의 고갈로 인해 세계의 식량 증산은 한계점에 도달했다. 주식용, 가축 사료용을 불문하고 안전·안심 주요 곡물의 자급자족은 국내 대응뿐만 아니라 인구증가가 두드러진 도상국의 식량 확보를 포함하여 안전보장상의 의의가 크다. 또한 음식 문화·식육(食肉), 에너지 절약, CO_2 배출 삭감, 물질순환 촉진, 음식의 소비자 가격 인하 등 다양한 관점에서 지산지소를 강력하게 추진하고 농산물의 관세 수준을 적절히 유지하여 국내에서 음식의 재생산을 보장하는 조치를 취한다.

② 재생 가능 에너지의 생산 · 공급체제의 정비

원전 의존에서의 완전한 철수와 화석에너지의 의존을 줄이고, 온실가스 감축을 빠르게 진행해야 한다. 저자가 조사 방문 시 "독일의 농촌에서는 무한하게 에너지를 생산할 수 있습니다"라고 조용히 호언했던 북부 독일 니더작센 농촌 지도자를 잊을 수 없다. EU 각국에서 효과가 확인된 "재생 가능 에너지 전량 고가매입 제도"를 제정 · 적용한다. 전력생산회사와 송전회사의 분리도 중요하다.

③ 산림관리, 자연 국토보전 작업이 공익 노동으로 자리 매김하여 그 노동에 대해 정부가 대가를 지불한다.

④ 도시 주민의 인간성 회복과 유아, 학생들의 건강한 성장을 위한 장소를 제공하는 자연 농업 체험이나 농가숙박 등 그린 투어리즘을 추진한다.

⑤ 노동 · 거주 조건이 뛰어난 농촌지역에 사업장의 입지 가능성이 확대되도록 IT기술의 발전 등을 도입한 조건 정비를 적극적으로 실시한다. 풍부한 자연과 따뜻한 공동체에 둘러싸인 가운데 노동을 지향하는 젊은이들이 증가하고 있다. 농촌은 결코 매력이 없는 지역이 아니라 자연과 전통문화와 따스함이 있는 커뮤니티와 아름다운 경관이 있는 인간적인 노동 거주의 장소라고 하는 가치관이 급속히 퍼지고 있는 것이다.

⑥ 농촌 경관은 더없이 소중한 자연과 사람들의 공존의 모습이 비추어진, 도시에는 없는 아름다움과 건강의 표상이다. 농촌 경관

을 아름답게 매력적으로 정비하는 국민적 운동을 전개할 것이 요구된다.

⑦ 농촌지역과 인근 도시는 옛날부터 상호 의존관계에 있었지만, 일본의 근대 시장경제의 확대는 이 관계를 파괴하면서 진행되었다. 2050년을 향해 EU에서 배운 "보완성의 원리"를 국토 · 지역 정책의 핵심으로, 예를 들어 하천유역 정도의 지역을 하나의 문화 · 경제권으로 간주하고, 적극적인 협력관계를 추진할 것이 요구된다[2].

아름답고 매력적인 농촌으로의 인구 이동

2050년의 농촌지역은 이상과 같은 시책을 추진하여 다양한 노동이 전개되는 풍요로운 생활의 장소로서, 그 경관을 포함한 매력 있는 지역이 될 것으로 충분히 예상되고 있다. 예를 들어 독일에서는 이미 1960년대에 도시에서 농촌으로의 인구이동이 시작되면서부터 "우리 마을은 아름다워"라는 농촌경관대회가 시작되었다[3]. 일본의 농촌지역에서도 새롭게 정의된 다양한 산업 부문이 활발하

2) "보완성 원리"는 가즈야 1991년에 교황 레오 10세가 신자에게 보내는 회칙에 유래하는 개인 · 가족에서 시작한 작은 사회의 자율성을 최대한 존중하고 더 큰 사회가 점차 지원하는 사회 간의 상호 관계의 원리이다. EU 통합의 기본으로 채용되고 있다.

3) 센가 유우타로(千賀 裕太郎) "소생하라 물가 · 언덕 · 시골" 이와 나미 소책자 NO.361, 岩波書店, 1995

게 성행해, 한때는 도시에 위치하고 있던 사무실, 아틀리에 등이 이동하여 증가하고 있다. 또한 인근 도시에 위치하고 있는 교육·문화·의료 복지시설과 연계한 창구업무도 충실히 이행하여 2010년대에 인구감소와 고령화로 소멸의 위기를 맞이하고 있던 중산간지역(中山間地域)에서도 2050년대에는 젊은 인구가 증가하여 활력이 넘치는 아름다운 지역으로 변신하는 상황을 예상하는 것이 결코 꿈이 아닌 것이다.

4-3 "과학기술"과의 현명한 만남

구로다 레이코(도쿄 대학 대학원 종합문화연구과 교수)

이번 지진과 관련하여 2050년의 일본을 향한 과학기술의 존재방식에 대해 사회와 과학의 관계, 새로운 과학기술의 전개라는 두 가지 관점에서 생각해보고 싶다.

원전의 문제는 이데올로기와 정당의 색과 함께 논의되어 찬성하거나 반대하는 것으로 국가, 도시, 마을이 양분되어 싸워온 불행한 역사가 있다. 그 논의의 기초가 되는 중요한 과학기술 지식에 근거한 안전성과 취약점에 대한 정량적인 논의가 이루어진 적은 별로 없었다. 이번 후쿠시마 원전의 심각한 문제로 "100퍼센트 안전이라고 했는데 속았다", "원전이 없으면 전력공급과 CO_2 문제를 해결할 수 없다"며 다시 원전이냐 아니냐를 두고 시비를 가리는 이원론적인 논의가 일어나고 있다. 감정론이 아닌 과학적 증거에 근거한 과학적인 사고에 의한 논의가 되길 바란다.

같은 해일을 겪은 후쿠시마 제 1, 2원전의 피해상황은 크게 달라 두 번째 원전에서 3호기 이외의 모든 펌프가 운전불능이 되었지만, 3월 14일 ~ 15일까지 원자로 내의 온도가 모두 100도 미만의 "냉온 정지"가 되어 안전함이 선언되었다. 두 번째 원전은 일본 학술회의가 5월 2일 홈페이지에서 일·영문으로 기술하고 있으므로 참조하기 바란다.

굳이 원자력 발전의 미래를 생각한다면, 현재 전 세계적으로 사용되고 있는 우라늄 원전 이외의 방법도 고려할 필요가 있다. 토륨 용융염 원자로는 토륨이 연속적으로 우라늄 233을 만듦으로써 토륨 자신의 연료를 만들어(증식), 같은 양의 연료에서 우라늄의 약 90배의 에너지를 생산한다. 연료가 처음부터 용융하고 있기 때문에 연료봉의 녹아내림은 있을 수 없고, 핵반응은 냉각에 따라 감속된다(Matt Ridley, The Wall Street Journal, 2011. 3.19). 우라늄 233의 핵분열 반응은 플루토늄 등 핵무기 제조원료를 생산하지 않는 이점도 있다. 원래 1960년대 미국의 오크리지 국립연구소의 물리학자들에 의해 연구된 것이지만 실용화를 위한 개발은 없었다. 우연히 동일본 대지진 발생 몇 주 전에 중국 과학원이 토륨 용융염로를 기반으로 하는 원자력 발전 기술개발에 나선다고 공식 발표했다. 향후 기술개발이 진행될 수 있는 분야이지만 이 방법으로 인한 단점도 있다. 모든 원전에 있어 이상적인 "장밋빛" 기술은 없다. 비상사태뿐만 아니라 평상시에 계속 배출되는 방사성 폐기물 문제를 해결하지 않으면 안 된다.

또한 태양광 발전, 태양열 이용 등 재생 가능 에너지에 대해서도 새로운 비약적인 기술개발이 요구된다. 이전의 "석유" 생산능력의 10배나 높은 해조류인 오란티오키트리움(Aurantiochytrium)이 오키나와주 츠쿠바 대학의 와타나베 신 교수팀에 의해 발견됐다고 최근 언론에서 다루었다. 석유를 만드는 박테리아와 해조류의 연구는 오랫동안 계속되어 왔으며, 예를 들어 석유분해 균 "HD-1"은 보통 상태에서는 석유를 분해하는 능력을 가지지만, 석유도 산소도 없는 환경에 두면 반대로 세포 내에 원유를 만드는 이상한 성질을 가지고 있는 것을 교토 대학의 이마나카 다다유키 교수가 오래 전에 발견했다. 문제는 이러한 석유 합성 효율이 매우 나빠서 이것을 어떻게 개선할 수 있는지가 관건이다. 최신 분자생물학 기법을 이용한 연구에서 미래의 에너지 정책에 새로운 길이 열릴지도 모른다.

또한 이번 지진으로 큰 위력을 발휘한 "긴급 지진 속보"에 대해서이다. 먼저 도달하는 초기 미동의 "P파"를 여러 지진계에서 파악하여 본격적인 흔들림인 "S파"가 오기 전에 진원지와 진도의 예측을 통보하는 시스템이다. 이 기술은 일본이 세계 최첨단을 달리고 있다. 우리가 필요로 하는 일단위 정도로의 지진의 예측은 불가능하지만, 지진의 "nowcast"는 위력을 발휘한다. 기상청의 속보는 휴대폰이나 PC로 보내진다. P파, S파의 전달방법은 직하형, 진원의 근방, 지반의 성질 등에 의존하는데 새로운 기술이라 아직 오보도 있지만 개선되어 가고 있다. 대지진 때에 지진지역을 달리고 있던 동북 신칸센은 P파를 감지하여 UrEDAS(조기 지진검지 시스템: 현 재단법인 철도 종합기술연구소가 개발)에 의해 비상정지장치가 작동하여 S파가 왔을 때에는 이미 감속하여 하나도 탈선하지 않은 것은 일본의 뛰어난 기술의 성과이며 자랑스러운 일이다. 지진 직후 지진해일 경보 보도에도 해외로부터 온 방문자들은 감탄한다.

방사선 및 방사성 물질(그에 따른 방사선)을 혼동하는 보도도 많이 볼 수 있었다. SPEEDI라는 지형과 기상조건을 고려한 방사성 물질 확산 시뮬레이션 시스템이 있다. 정확한 방출원의 데이터가 필요한데 불행히도 재해발생 직후에는 기능하지 않았다. 결함 데이터도 시뮬레이션 결과는 나오는데, 이것은 신뢰성은 낮지만 일단 참고를 위해 공개한다 해도 확실한 정보로 인정될 수 없는 딜레마가 있다.

시뮬레이션은 지구 온난화 등 다양한 분야에서 사용되고 있지만, 입력 데이터에 크게 의존하고 있다. 관측 데이터에 근거한 예측, 시뮬레이션이란 무엇인가, 확률이란 무엇인가, 또한 방사능 이나 유해 화학물질의 존재 여부가 아니라 얼마만큼 존재하고, 그것이 어느 정도의 확률로 리스크를 증가시키는지 등, 과학적인 사고방식을 과학기술에 종사하지 않는 사람(일반시민, 정치인 등) 도 배우게 하고 싶다고 평소 주장해 왔다("과학기술과 인간사회" 21세기의 제안 아사히 신문[1996] "사회과학 · 과학에 있어서의 사회" 현대 일본문화론 13 "일본인의 과학" 가와이 하야오 사토 文隆편 이와나미 서점[1996년] http://science-interpreter.c.u-tokyo. ac.jp)

이번에 인터넷, 트위터, 페이스북 같은 새로운 커뮤니케이션 수단이 큰 위력을 발휘했고, 태양광 발전에 의한 LED 랜턴 등 새로운 과학기술의 성과를 고맙게 생각한 사람도 많을 것이다. 지구, 일본을 재생하기 위해서는 과학기술의 발전이 필요하지만 새로운 기술은 새로운 문제를 일으킬 가능성이 충분히 있다.

이익과 손실을 확실히 파악하여 위험평가를 실시할 필요가 있다. 그리고 시민도 과학기술을 어둡게 부정하거나 혜택을 줄 수 있는 것으로 100퍼센트 신뢰하는 것이 아니라, 과학적 지식과 과학적인 사고방식을 몸에 익혀 과학기술과 지혜롭게 공존할 필요가 있다.

4-4 일본의 국방을 어떻게 강화할 것인가?

오가와 가즈히사(군사 분석가 · NPO 법인 국제변동연구소 이사장)

동일본 대지진에서 10만 명 이상을 투입한 자위대의 헌신적인 활동은 국민의 자위대에 대한 평가를 더욱 높였다. 그러나 그 활동의 그늘에서 심각한 문제가 부각된 것은 의외로 알려져 있지 않다.

처음 화재 때 나는 후쿠오카 현 구루메 시의 육상 자위대 간부후보생 학교에서 졸업기념 강연 중이었지만, 강연을 마친 오후 4시 정도에는 이미 후쿠오카 제4사단과 홋카이도의 아사히카와 제2사단이 피해지역을 향해 전진하고 있었다.

부대의 전개상태는 항공부대의 움직임을 보면 알겠지만, 처음 이틀 동안 육해공 자위대의 115기를 비롯하여 소방, 경찰, 해상보안청, 미군 헬기 약 200기가 피해지역에서 활동하고 있었다.

그러나 이 단계에서 첫 번째 문제인 유병화(遊兵化) 현상이 나타났다. 유병화란 한 지점에 적이 있다고 생각해 부대를 투입했지만, 적과 교전하는 것은 일부 부대뿐이고 나머지는 말 그대로 놀게 되는 경우를 말한다. 전체를 묶는 통합 막료감부(幕僚監部)역자주)방위청 장관의 막료기관(육상 · 해상 · 공군의 각 자위대에 둠)는 대응능력은 있었지만 요청이 들어오지 않았다고 말한다. 한편, 음식이 도착하지 않은 피난처가 잇따랐다. 3월 14일 통합임무부대가 편성되어 사태는 점차 개선방향으로 향했지만 많은 교훈을 남겼다. 이것은 수상 관저에 국가로서의 사령탑 기능이 부재했다는 결과이다.

보통 선진국의 경우 재해발생 직후 총리 관저에 10만 명 규모의 사령탑 팀을 설치한다. 지휘관은 위기관리 전문가로서 자위대, 경찰, 소방, 해상보안청 등을 운영할 수 있는 지식을 가진 인재가 바람직하다. 그리고 정보수집 및 투입 가능한 인적 · 물적 자원의 파악 등을 동시에 진행시키고 일을 추진하면서 능력을 강화해 나간다.

예를 들어 제일선의 정보수집 헬기는 담당 피해지역마다 투입이 필요한 육상 자위대의 어림수를 헬기 상에서 관저의 사령탑 팀에 연락한다. 또한 담당지역에 필요한 의사 · 의료진과 의약품 및 피난처로 사용 가능한 건물과 수용해야 하는 피해자의 어림수를 보고하는 식이다. 생각해 보면 지난 4월에 들어서도 미군 헬기가 상공에서 피난처를 찾는 광경이 보였다. 이것은 국가의 사령탑 부재에 의한 유병화의 결과이다.

두 번째 사항은 자위대의 규모문제도 부각되었다. 사실, 자위대의 10만 명 이상의 동원은 국방 및 기타 재해에 대한 대처를 위해 희생한다. 자위대의 정원은 24만4,319명(육상 15만1,641명, 해상 4만5,550명, 항공 4만7,1280명) 현 인원은 22만6,173명(육상 14만536명, 해상 4만2,131명, 항공 4만3,506명)이다(2010년 3월 31일 현재 확정된 수).

이것을 지원해 주는 육해공 예비 자위관역자주)방위청의 직원 중 제복을 입고 육상 · 해상 · 항공의 각 자위대에 근무하는 사람은 정원 5만6,367명(현 인원은 3만8,974명)이다. 대부분은 육상 자위대가 차지하고 정원 5만4,467명에 대해 현 인원은 3만7,465명(예비 자위관 3만 1,650명, 민첩 예비자위관 5,815명)이다.

일본 사회의 현상을 반영하는 고령화도 주목할 만하다. 재해 파견의 주력이 되는 육상 자위관의 평균연령은 간부(장교) 40세(미국

35세, 영국 37세), 조사(하사관 · 군사) 33세(미국 29세, 영국 29세)이다. 명확한 사상이나 철학이 없는 상태에서 공무원 감축대상이 되어 정원을 감축했기 때문에, 육상 자위대의 신입대원 (이등 육사 = 이병) 채용 수는 1968년 2만4,144명에 대해 2009년에는 약 20분의 1로 격감했다. 고령화는 바로 그 결과이다.

예상 외로 잘 알려져 있지는 않지만 일본 열도의 해안선은 세계에서 여섯 번째로 길다. 각국의 군(軍) 연구에서는 일본의 방위와 재해를 위해 필요한 육상병력의 규모는 대략 25만 명이다. 현 상태로는 11만 명이나 부족하다. 그 결과 한 사람의 자위관이 901명의 국민을 지켜야 하는 과중한 부담이 되고 있다. 미국 508명, 영국 610명, 독일 512명, 한국 888명 북한에 25명과 비교하면 자위관의 부족이 심각하다. 경찰관 한 사람이 438명의 국민을 지키는 형세이다.

여기에서 임시변통하여 국방, 다른 재해, 응급환자 수송, 국제평화협력 활동에도 인력을 할애해야 한다. 용케도 오늘날까지 안전을 유지해 왔다고 생각지 않을 수 없다.

왜 이렇게 되었는지 살펴보면, 국가 · 사회의 안전을 도모하기 위한 시스템에 대한 사상 · 철학이 존재하지 않았고, 그 결과로 정면에서 각 조직의 적정 규모와 질을 논의하고 실현하는 행위가 이루어지지 않았기 때문이다. 자위대의 정원이 과학적 근거를 가지고 정해진 것은 아니다.

국가 · 사회의 안전을 지키는 조직은 자위대만이 아니다. 경찰,

소방, 해상보안청, 전력, 전화, 가스, 수도, 미디어 등 중요 인프라 분야가 상호 의존관계에 있으므로 중층적으로 배치되지 않으면 안 된다.

자위대의 적정 규모에 대해서는 그 구조를 전제로 논의를 심화할 필요가 있다.해상 자위대의 항구, 항공 자위대 기지는 육상 자위대가 지키지 않으면 단 10명 규모의 특수부대의 기습에 의해 그 기능을 다하지 못할 우려가 있다. 육상 자위대의 활동은 해·공 자위대가 국토를 지킴으로써 가능하다.

원전도 마찬가지로, 경찰부대 뒤에 육상 자위대가 대기하고 있을 때만이 억제효과가 생긴다. 경찰의 치안 유지나 소방에 의한 방재 및 구급활동도 육상 자위대의 존재를 무시하고는 기능한다고 할 수 없다. 물론 육해공 자위대도 경찰이나 소방에 의해 자신과 가족이 지켜지고 있음을 시작으로 전력, 전화 등 핵심 인프라 산업에 힘입어야만 능력을 발휘할 수 있는 상호 의존관계에 있다.

국가와 사회를 지키는 시스템의 상호 의존 위에 중층적인 배치가 명확하게 되면, 먼저 육상 자위대의 적정 규모가 유지되고, 그에 따라 중요 인프라 중에서도 국가의 동맥이라고도 일컫는 전력에 대해 그 정도 수준의 위기관리 기준으로 원전을 유지하지는 않았을 것이다. 동일본 대지진은 일본 국민이 기피해 왔던 문제들이야말로 국가 국민의 안전을 해칠지도 모른다는 것을 현실로 보여주고 있다.

4-5 재해와 아이들에 의한 재생

센다 미츠루(환경건축가 방송대학 교수)

동일본 대지진과 아이들

동일본 대지진은 반경 500킬로미터의 넓은 재해지역, 해일에 의한 엄청난 파괴 그리고 원전사고에 의한 방사능 오염 등 그 규모, 종류, 복합성이라는 세 가지 점에서 전대미문의 재해이다. 일본의 지진은 세계의 일반적인 장소에 비해 100배나 재해비율이 높다고 알려져 있지만, 그 재해 대국 일본이기에 어려움을 잘 견디는 국민이라고 세계적으로 평가되어 왔다. 그런 환경 속에서 아이들이 상처받고 공포에 질려 버리는 상황을 극복할 수 있는 심리적인 치료가 매우 중요하다고 여겨지고 있다. 학교가 파괴되고 가정도 잃어버린 아이들과 그 가족, 혹은 이번 방사능 오염지역에 살고 있던 어린이와 가족은 그 땅을 포기하고 떠나가는 사람도 많다고 알려졌다.

피해지역의 재생을 꿈꾸는 힘도 위축시킬 만큼 그 파괴력은 대단했다. 그러나 사람이란 꿈이 있고 희망이 있으면 어느 정도의 어려움은 견딜 수 있다. 일본은 제2차 세계대전 후 잿더미에서 살아남은 재생의 역사를 가지고 있다. 지금 그것을 아이들에게 전하고, 아이들과 함께 재건해 나가지 않으면 안 된다.

현대 일본의 아이들의 성장환경

재해는 차치하고라도 현대 일본의 아이들은 매우 어려운 상황에 직면해 있다. 1980년대부터 아이들의 운동능력과 체력이 저하하는 경향을 보이고 있다. 비만과 2형 당뇨병 아이들도 늘어나고 등교거부 및 정신질환도 증가하고 있다. 그리고 학습의욕이라는 점에서도 약 40 년 동안 약 40퍼센트나 하락했다는 보고도 있다. 특히 믿기 힘든 것은 2007년에 열린 OECD 가입에 25개국의 15살 아이들에 대한 조사에서 "자신이 외롭다고 생각하느냐?"라는 질문에 대해, 일본 아이들은 높은 비율로 "외롭다"고 대답했다. 다른 나라들이 5~10퍼센트의 비율인 데 비해 30퍼센트의 비율로 "외롭다"고 대답한 것이다.

세계적인 학력시험인 PISA 결과에서 일본 아이들의 성적이 약간 떨어졌다고는 해도 세계적으로 최고 수준임에는 변함이 없다. 학력이 아닌 "함께 살아가는 힘"이라는 점에서 이러한 상황은 문제가 있다. 이것은 일본이라는 나라의 미래에 대해 매우 걱정스러운 점이다.

일본 아이들은 왜 이렇게 생활력을 잃고 있는지에 대해 생각해 보면, 그 요인이 사회적 변화라고도 할 수 있겠지만, 그 중에서도 자동차와 TV에 대한 과도한 의존상황을 지적할 수 있다.

일본 어린이의 생육환경은 1965년경을 경계로 변화하고 있다. 그때까지의 아이들은 지역의 작은 길을 중심으로 친구들과 무리지어 놀았다. 이리저리 뛰어다니고, 구르고, 매달리며, 오르는 등 다양한 신체활동을 하면서 놀았다. 그것이 1965년경을 경계로 도로를 자동차에 빼앗기면서 그 당시 보급된 텔레비전에 의해 놀이가 거리와 연결된 다양한 놀이공간에서 집안으로 옮겨지게 되었다.

그것은 1980년대에 비디오 게임의 탄생이 가속화된 데다가 컴퓨터와 휴대폰이 그 경향을 더욱 진행시켰다. 따라서 지금 초등학교 5학년 아이들이 하루 14분밖에 밖에서 놀지 않고 TV를 보는 시간은 4~5시간이라는 보고도 있다. 그리고 친구도 적고 노는 것도 예약제다. 그리고 외롭다. 유아단계에서도 큰 아이들이 버기(buggy)차라는 라이드에 실려 이동하고 있다. 라이드에 탄 아이들은 시각적인 정보는 어느 정도는 확보하겠지만, 발로 걷지 않기 때문에 그 운동능력과 신체능력을 개발할 수 없을 뿐만 아니라 정신적인 도전력이 키워지지 않는다.

IT 언론도 자동차도 현대 생활에서 필수다. 그러나 아이들의 성장환경에서는 적절하게 사용되지 않으면 안 된다. 아이들은 밖에서 뛰어놀거나 자연 속에서의 생활을 통해 다양한 운동능력과 신체능력 그리고 지적 호기심을 키우고 창의력을 키운다. 많은 어른이 지켜보는 가운데 많은 친구들과 함께 자연 속에서 무리지어 노는 생활이 필요한 것이다.

어린이 친화적인 도시와 어려움을 극복하는 힘

재해나 어려운 시기는 어느 시대에도 있다. 아이들이 그것을 극복하는 힘을 가지기 위해 어떻게 하면 좋은가를 생각해야 한다.

어린이 자신 또한 재해에 맞서 함께 부흥을 생각할 필요가 있다. 도망치는 것이 아니라 어려움에 직면하여 용기를 가지고 부흥에 참여하는 것이 필수적이다.

아이들은 놀이와 운동을 통해 건강을 회복하건 정신적인 안정을 찾을 수 있다. 피해를 입은 아이들이기 때문에 놀이는 더욱 필요하다. 아이들은 노인이나 성인들을 서로 도우며 적극적으로 활동해 나가는 것으로 슬픔과 고독을 극복할 수 있다. 왜 재해가 발생했는지, 그것을 배우는 것도 중요하다. 그를 통해 어떻게 그 재난을 극복해 나갈 수 있는지에 대해 확실하게 아이들 자신이 가슴에 새기는 것이야말로 다음에 다가올 어려운 상황을 극복할 수 있는 힘이 될 것이다. 부흥 중 대부분은 산업과 고용회복이 우선이다. 하지만, 다음 세대가 어떻게 그 지역을 떠받칠 수 있을 것인가 하는 점이 가장 중요하다고 생각한다.

그런데 힘들게 복구가 되더라도 거기에서 아이들이 건강하게 생활할 수 없거나 아이들이 태어나지 않는다면, 그 지역은 쇠퇴할 수밖에 없다. 아이들이 건강하게 성장하지 않는 곳에서 도시의 미래는 없다. 많은 피해지역에서는 10년 동안 10퍼센트 정도의 인구가 감소하는 곳이 많다. 아이들이 태어나 자라는 지역이 없어지게 되는 것이다.

또한 이번 재해로 인해 아이가 자라 활력을 불어넣을 수 없는 경향이 가속화 될 수 있다. 나쁜 일이 일어난 지역, 큰 어려움에 휩싸인 지역이야말로 지역의 커뮤니티가 부활하고 새로운 산업도 부흥하며, 또한 아이들이 건강하게 성장하는 지역이 되지 않으면 안 된다. 밖으로 나갔던 사람이 다시 돌아가 살고 새로운 도시의 사람들이 살고 싶다고 말하는 거리로 부흥, 재생해야 한다. 이번 재해가 저출산 · 고령화가 최고인 일본에서 그것을 반전할 수 있는 시도가 늘어날 것을 기대하고 싶다.

부록

표 1 세계의 거대 지진 및 해일

M9.5	1960년 칠레 (남부) 지진	진원지역 길이 1,000km 해일 25m 개정 메르카리 진도 XI (기상청 진도 6 상당)
M9.2	1964년 알래스카 지진	진원지역 길이 850km 해일 20m 이상
M9.1	2004년 수마트라 섬 서쪽 바다 지진	진원지역 길이 1,300km 해일 31m 개정 메르카리 진도 IX(기상청 진도 5강~6미만 상당)
M9.0	2011년 동일본 대지진	진원지역 500km×200km 해일 18m 진도 6강 ~7
	1952년 캄차카 지진	
	1868년 칠레(북부) 지진	
	1700년 캘리포니아 주 북부 지진	

그림 1 세계의 거대 지진 · 해일 · 원자력·발전 사고

그림 2 일본 열대 주변의 4대 판

(http://www19.atwiki.jp/obbligato/ pages/201.html)

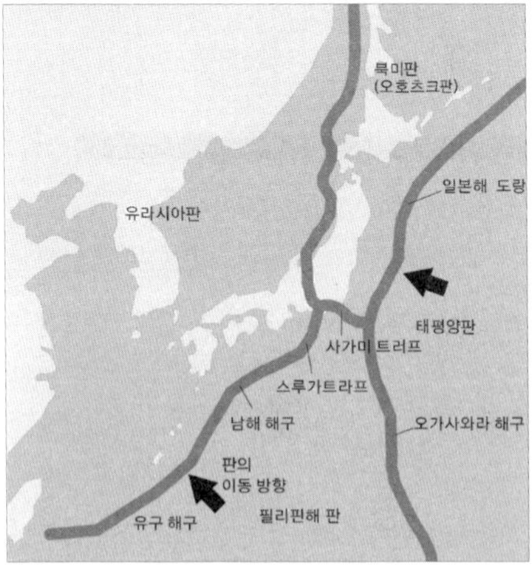

일본 열도는 4개의 판

① 유라시아판

② 북미판(오호츠크판)

③ 태평양판

④ 필리핀해 판

하지만 접하는 지역에 위치한다.

판의 경계부에서는 판이 충돌 및 수렴운동을 하기 때문에 지진이 일어난다.

일본해 홈딸림근에서는 매년 8cm의 속도로 서진하는 태평양판(바다쪽의 판)이 북미판(대륙판)의 아래로 침강하고 있다.

※ 화살표는 판의 이동방향을 나타냄.

그림 3 지진이 일어나는 구조

(http://tokai-earthquake.seesaa.net/index-2.html)

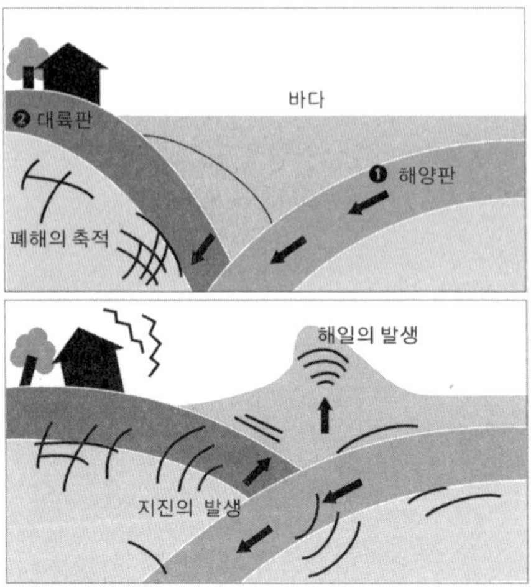

동일본 내지진에서는 침강부가 오랜 세월에 걸쳐서 축적되어 온 ❷ 북미 판의 왜곡이 한계점에 이르러 이번 광역 미끄럼(지진)을 일으켰다. 진원지역(500km ×200km)의 미끄럼양은 최대로 24m였던 것으로 보고된다. 이 미끄럼은 대지진을 발생시킴과 동시에 해수면을 상승시켜 큰 해일을 발생시켰다.

그림4 각지의 주된 진도

본 지진의 진원지역은 500km×200km로 지극히 광범위하고 진도는 동일본에 대해 매우 컸지만, 감지된 범위는 동일본뿐 아니라 그림 4와 같이 넓고 일본 전 국토에 걸쳐 있었다.

표 2 일본에서 과거에 발생한 주된 지진의 규모와 희생자 수

지진명	발생연도	지진의 규모(M)	희생, 행방불명자	붕괴 건물
노우비 지진	1891	8.0	7,273	142,177
산리쿠 지진	1896	6.8	220,728	1,844
관동대지진	1923	7.9	142,000	128,266
동남해 지진	1944	7.9	1,223	17,599
후쿠이 지진	1948	7.1	3,769	36,184
도카치 해 지진	1968	7.9	52	676
한신 · 아와지 대지진	1995	7.2	6,437	177,000
동일본 대지진	2011	9.0	(5/2) 25,536	미공표

그림 5 동일본 대지진의 주된 여진

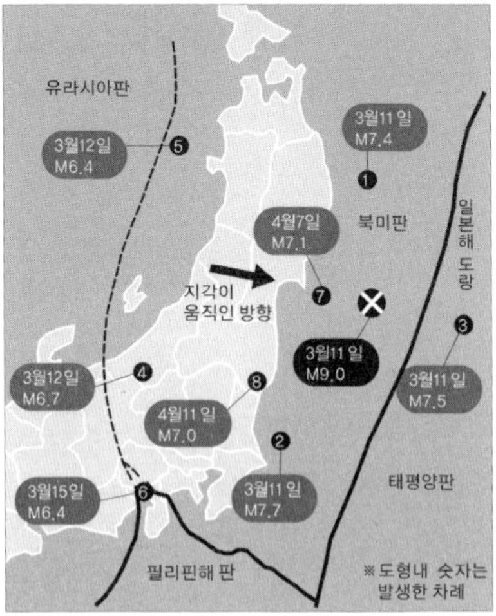

동일본 대지진의 여진은 점차 수그러들고 있으나 지금도 계속되고 있다. 진원은 반드시 본진(지진의 본류) 지역에 있다고는 할 수 없다. 일본해에서 니가타 현에서, 혹은 나가노 현 등으로부터 급속히 퍼지고 있다. 이 중 일부는 내부에서 발생된 것으로 보인다.

3월 11일~5월 7일간의 여진횟수는
M5.0 이상으로 444회
M6.0 이상으로 76회
M7.0 이상으로 5회였다.
또한 진도 4 이상이 관측된 횟수는 3월 11일~5월 7일간으로 본진을 포함해 141회를 기록했다. 그 내역은
진도4 : 107회 / 진도5 미만 : 23회
진도5 강 : 6회 / 진도6 미만 : 2회
진도6 강 : 2회 / 진도7 : 1회였다.

표 3 동일본 대지진의 여진이라고 보이는 진도5 미만 이상의 주된 지진

3월 11 지진 본류	14:46경	미야기 현 바다	M9.0	진도7
3월 11일	15 : 06경	산리쿠 바다	M 7.4	진도5 미만
	15 : 15	이바라키 현 바다	M 7.7	진도6 미만
	16 : 29	산리쿠 바다	M 7.5	진도5 강
	17: : 41	후쿠시마 현 바다	M 5.8	진도5 강
	20 : 37	이와테 현 바다	M 6.4	진도5 미만
13일	8 : 25	미야기 현 바다	M 6.2	진도5 미만
14일	10 : 02	이바라키 현 바다	M 6.2	진도5 미만
15일	22 : 31	시즈오카 현 동부	M 6.4	진도6 강
16일	12 : 52	지바 현 동방바다	M 6.0	진도5 미만
19일	18 : 56	이바라키 현 북부	M 6.1	진도5 강
23일	7 : 12	후쿠시마 현 하마도리	M 6.0	진도5 강
23일	7 : 36	후쿠시마 현 하마도리	M 5.8	진도5 강
24일	17 : 21	이와테 현 바다	M 6.1	진도5 미만

표 4 현행 기상청 진도 관련 해설표

진도	통상 발생하는 현상의 예
0	사람이 흔들림을 느끼지 못한다.
1	옥내에 있는 사람의 일부가 약간의 흔들림을 느낀다.
2	옥내에서는 많은 사람이 흔들림을 느끼며, 자고 있는 사람의 일부는 눈을 뜬다. 매달려 있는 사물이 조금 흔들린다.
3	옥내의 대부분의 사람이 흔들림을 느낀다. 공포감을 느끼는 사람도 있다. 선반의 식기류가 소리를 낼 수 있다.
4	대부분의 사람이 놀란다. 전등 등의 매달린 사물이 크게 흔들린다.
5미만	대부분의 사람이 공포를 느낀다. 선반에 있는 식기류나 책이 떨어질 수도 있다. 고정하지 않은 가구가 이동하거나 불안정한 사물이 넘어지는 일이 있다.
5강	물건을 잡지 않으면 걷는 것이 어렵다. 선반에 있는 식기류나 책이 많이 떨어진다. 고정하지 않은 가구가 넘어지기도 한다. 보강되어 있지 않은 블록 벽이 무너지는 일이 있다.
6미만	서 있는 것도 어렵다. 고정되어 있지 않은 가구의 대부분이 이동해 넘어지는 것도 있다. 문이 열리지 않게 되는 일이 있다. 벽의 타일이나 유리창이 파손, 낙하하는 일이 있다. 내진성의 낮은 목조 건물은 낙하하거나 건물이 기울거나 하는 일이 있다.
6강	움직일 수가 없다. 날아가는 일도 있다. 고정하지 않은 가구의 대부분이 움직이며 넘어지는 것이 많아진다. 땅이 크게 갈라지거나 대규모 산사태나 산의 형태 붕괴가 발생할 수 있다.
7	내진성이 낮은 목조 건물은 기울거나 넘어지는 것이 한층 더 많아진다. 내진성이 높은 목조 건물도 가끔 기울 수 있다. 내진성의 낮은 철근콘크리트조의 건물은 넘어지는 것이 많아진다.

진도란, 어느 지점에 있어서의 지진의 정도(지진동)를 표현하는 지표이다. 일반적으로는 지구 표면의 구조물에 미치는 영향이나 인간이 느끼는 흔들림의 크기에 근거해 사람이 판정한다. 일본에서 이용되고 있는 기상청 진도계는 1996년에 개정되었는데, 이는 계기관측에 근거하는 수치에 의해 정의된 것이다. 일본 이외에서는 개정 메르카리 진도계급(MSK)이 넓게 사용되고 있다. 이전에 명확한 대응표는 없지만, 기상청 진도계(현행), 개정 메르카리 진도계의 대체로의 대응을 아래 표에 적는다.

표 5 기상청 진도계급과 MSK 진도계급 비교

기상청 진도	0	1	2		3		4	5弱	5強	6弱	6強	7
MSK 진도	1	2	3	4		5	6	7	8	9	10	11 12

弱=미만, 強=이상

그림 6 각지의 해일의 높이

재해지별 해일의 높이. 재해지의 해일의 최고는 온나 강(女川漁港) 인근의 17.6 M(와세다 대학 조사). 해일은 파상에 합계 7회 밀어닥쳤다. 또한 소상고(遡上高)는 이와테 · 미야코 시에서 38.9M가 기록되었다(도쿄 해양대학 조사). 이 해일이 저지대에 위치한 맨션 형태의 집합주택을 떠내려가게 만들어 지진피해보다 심대한 피해를 가져왔다.

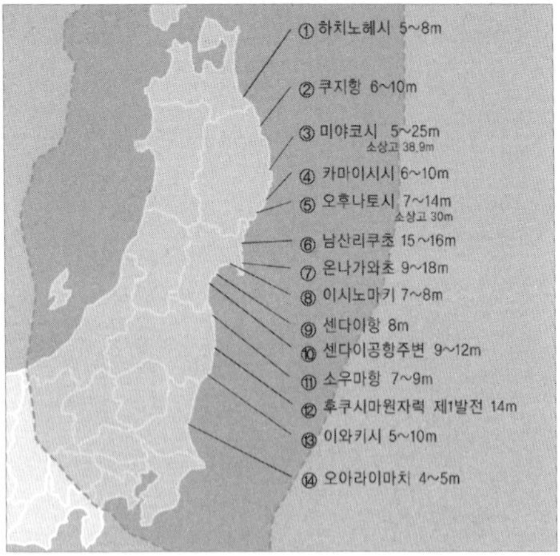

그림 7 해일에 의한 센다이 시 연안부의 침수구역

동일본 대지진이 야기한 해일에 의한 침수면적은 443km²에 오른다. 이 면적은 야마노테선의 내 면적의 약 8배에 상당한다. 또한 침수지역 중 대부분의 건축물이 유실된 지역의 면적은 약 51km², 이것은 간동 대지진 때의 소실면적(35km²)의 약 1.5배에 해당한다. 침수면적이 많았던 센다이 시 연안부(그림 7)는 폭 3~5km, 길이 30km에 걸쳐서 침수되었다.

그림 8 후쿠시마 제1 원자력발전소의 배치 및 제원

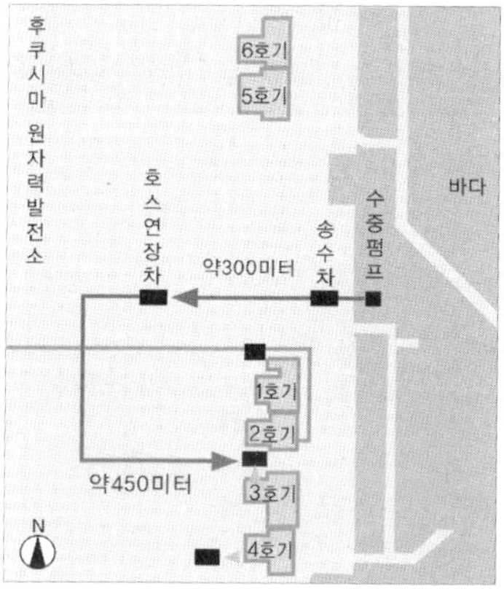

1호기 : 46.0만 KW, GE, 1971년 운전 개시
2호기 : 78.4만 KW, GE, 도시바, 1974년 운전 개시
3호기 : 78.4만 KW, 도시바, 1976년 운전 개시
4호기 : 78.4만 KW, 히타치 제작소, 1978년 운전 개시
5호기 : 78.4만 KW, 도시바, 1978년 운전 개시
6호기 : 110만 KW, GE, 도시바, 1979년 운전 개시

※ 도쿄전력 후쿠시마 제일 발전소 사고에 관하여 일본 학술회의의 홈페이지(http://www.scj.go.jp)로 해외아카데미로의 현상보고로서 2011년 5월 2일, 영문 및 일본어로 기재되어 있다.

그림 9 방사선량 관측 맵

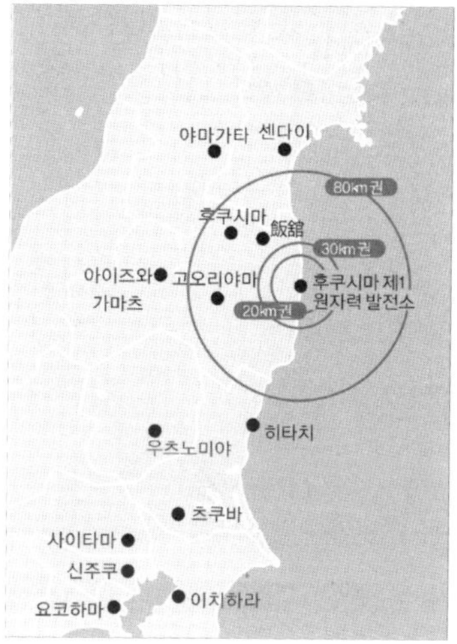

가까운 현의 각지에서 관측(관측점 13개소, 그림 9 참조)된 대기 중 방사선량에 대해, 3월 20일~5월 10일의 추이를 표 7에 나타낸다. 또 문부과학성에서 공표된 지표인 세슘 134로 137의 축적량(4월 29일 현재에 환산)을 그림 10에, 방사능 노출 선량과 몸에의 영향에 대해 그림 11에 나타낸다.

표 6 국제 원자력 사상 평가척도 (INES)와 평가 예

레벨			평가 예
사고	7	심각한 사고	체르노빌 원자력발전소 사고(1986년, 구소련) 후쿠시마 제일발전소 사고(2011년 3월 11일, 일본)
	6	대사고	
	5	그 외 리스크를 수반하는 사고	쓰리 마일 시마바라 원자력발전소 사고(1979년, 미국)
	4	그 외 큰 리스크는 수반하지 않는 사고	JCO 우라늄 가공공장 임계 사고(1999년, 이바라키 현)
이상현상	3	중대한 이상현상	구동력로 핵연료 개발 사업단 아스팔트 고체화 처리시설 화재폭발 사고(1997년, 이바라키 현)
	2	이상현상	관전미하마 원자력 발전 2호, 증기 발생기 전열관 손상 사고(1991년, 후쿠이 현)
	1	일탈	고속 증식로 몬주 나트륨 누설(1995년, 후쿠이 현)
척도이하	0	척도 이하	
	평가대상 외		

원자력발전소의 사고에 대해서는 방사성 물질의 시설 내외에의 방출의 정도, 안전상 중요한 설비의 손상 정도 등에 의해 사고의 레벨이 평가되고 있다. 결정 시에는 IAEA의 국제 원자력 평가 피해규정 (INES)이 기준이 되어, 이번 사고는 피해의 확대에 근거해 레벨 4, 레벨 5로 변경되었으며, 최종적으로는 최상위의 레벨인 7로 평가되었다. 표 6에 국제 원자력 사상 평가척도(INES)와 평가 예를 나타낸다.

표 7 대기중의 방사선량

도 · 현명	관측지	방사선량 (마이크로시버트) 3월 20일	3월 30일	4월 10일	4월 20일	4월 30일	5월 10일
후쿠시마	후쿠시마 시	9.3	3.08	2	1.72	1.62	1.57
	고오리야마 시	2.64	2.6	1.86	1.69	1.56	1.37
	아이즈와 가마츠 시	0.34	0.3	0.17	0.19	0.18	0.16
	이와테무라	21	8.04	5.5	4.19	3.26	3.22
미야기	센다이 시	0.2	0.14	0.1	0.08	0.08	0.08
야마가타	야마가타 시	0.05	0.07	0.09	0.05	0.05	0.05
이바라키	히타치 시	0.46	0.47	0.24	0.24	0.22	0.21
	츠쿠바 시	없음	0.24	0.18	0.18	0.1	0.15
도치기	우츠노미야 시	0.15	0.1	0.08	0.07	0.06	0.06
사이타마	사이타마 시	0.06	0.09	0.07	0.06	0.06	0.06
지바	이치하라 시	0.03	0.07	0.06	0.05	0.05	0.05
도쿄	신주쿠 구	0.05	0.11	0.08	0.07	0.07	0.07
가나가와	요코하마 시	0.03	0.05	0.04	0.04	0.03	0.03

그림 10 지표면의 세슘 134,137의 축적량

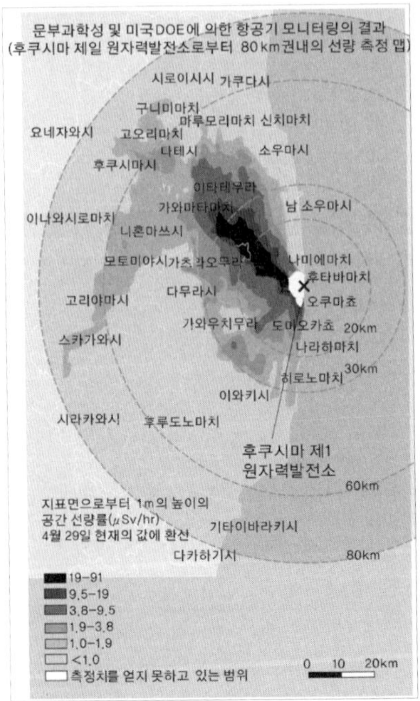

그림 11 방사선량과 인체에의 영향

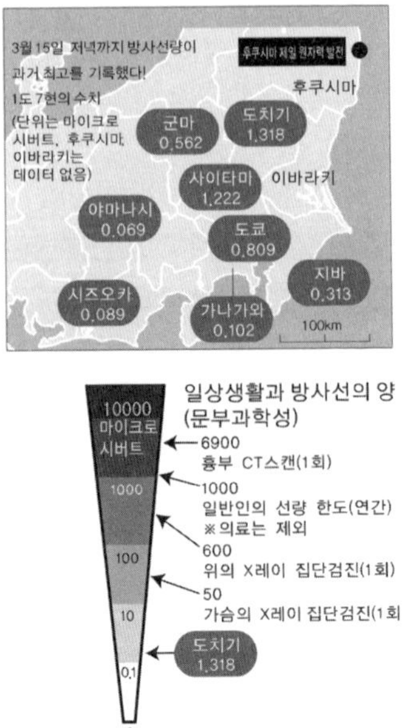

그림 12 일본의 원자력발전소

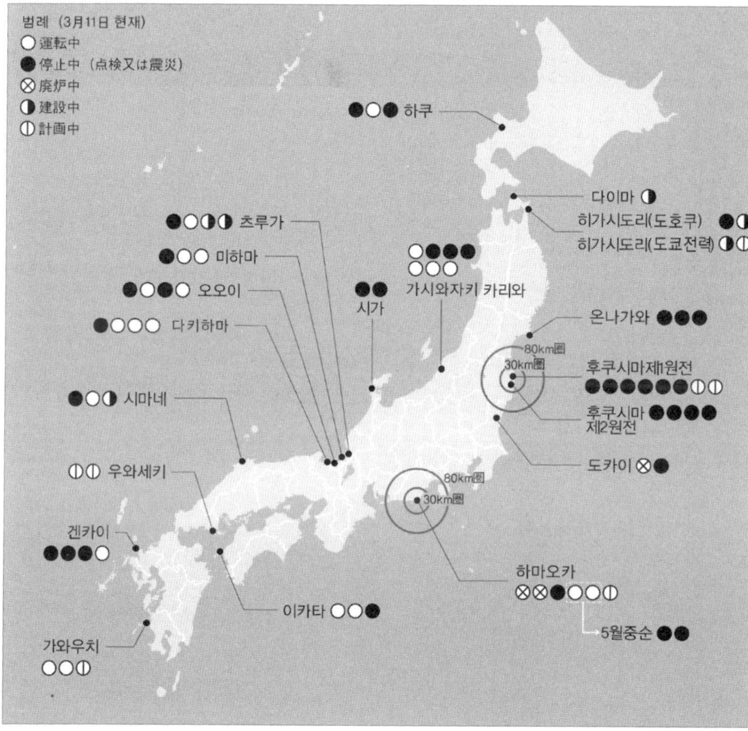

일본 있어서의 원자력 발전은 지구 온난화 대책의 비장의 카드로서 그 중요성이 더욱 커질 것이라 생각되어 2010년 6월에 각의 결정된 에너지 기본계획에 의거해, 현재 54기 있는 원자로를 2030년에는 14기 이상 증설하기로 결정되었었다. 이미 폐로가 된 3기, 현재 운전 또는 정지중(정검 등)의 54기, 건설 중 또는 준비공사 착수의 6기, 계획단계의 7기본으로 이를 그림 12에 나타낸다. 안전신화가 무너진 후쿠시마 제일 원자력 발전의 사고를 근거로 하여 신설 계획의 재검토나 더욱은 정지중의 원자력 발전의 운전 재개에도 많은 논의가 오갈 것으로 예상된다. 그러므로 원자력 발전 알레르기에 걸리지 않게, 왜 이러한 사고가 발생한 것인지를 철저하고 과학적으로 구명해 안전 · 안심할 수 있는 원자력 발전의 설계 · 건설을 제안해 가는 것이 일본이 선택해야 할 길일 것이다. 5월 6일, 향후 30년간 87%의 확률로 발생이 예상되는 동해지진을 염두에 두고 긴 나오토 수상은 하마오카 원자력 발전에 대해 충분한 해일대책을 강구할 수 없을 경우 3호기~5호기의 운전을 정지하기를 요청했다. 주부전력은 5월 9일 임시 이사회를 거쳐 정부의 요청을 받아들였다.

표 8 원자력 발전 보유기수와 각국의 반응

국명	총 발전량 (TWh)	원자력 발전 제어	원자력 발전출력 (2010.3)	원자력 발전기 수	각국의 반응, 수뇌 논평 등
미국	4,344	19.3	10,534.4	104	지구 온난화 대책으로서의 원자력 발전 중시의 자세 불변, (원자력 항공모함(30만kw×2기) /정×11정 · 원자력 잠수함(5만kw×1기) /정×200정소유)
중국	3,495	2.0	911.8	13	원자력 발전 추진방침은 불변. 원자력 발전 신설심의를 일시 동결.
일본	1075	24.0	4,834.7	54	원자력 발전 추진 노선이 큰 폭으로 고려된다.
러시아	1038	15.7	2,319.7	32	원자력 발전 옹호 선언, 신설 · 외국에의 수출에 변화 없음.(원자력 잠수함 보유)
인도	830	1.8		20	원자력 발전 추진은 변함없이 기존 원자력 발전 안전성 점검 지시.(원자력 잠수함 보유)
독일	631	23.5	2,150.1	17	이미 원자력 발전이 되는 것도 탈원자력 발전으로
프랑스	570	77.1	6,602.0	58	원자력 발전 추진에 변화 없음. 프랑스 제3세대 원자력 발전은 안전.(원자력 잠수함 보유)
한국	444	34.0		21	원자력 발전 추진방침 · 수출방침은 불변. 가동중 발전시설 재점검.
영국	385	13.6		19	영국의 원자력 발전은 안전과 냉정, 비용 상승을 우려함(원자력 잠수함 보유)

IEA의 자료에 의하면, 세계의 원자력 발전 총발전량은 2008년 집계로 20,181TWh, 1980년의 약 2.4배의 증가세를 보이고 있고 근년, 지구 온난화 방지의 관점으로부터 신흥국에서는 화력발전소에서 원자력발전소로의 변화가 예정되고 있다. 선진국에서는 침체기를 극복하기위한 증설로 '원자력 르네상스'라고도 불리고 있다. 경제협력개발기구 원자력 기관은 2030~2050년에 매년 23기~54기가 신설된다고 예측하고 있지만, 이번 사고로 계획은 큰 폭으로 재검토된다고 생각된다. 세계의 발전량은 화력 67.7%, 수력 15.9%, 원자력 13.5%, 자연 에너지 2.8%의 구성 비율을 보이고 있다. 주된 원자력 발전 보유국의 반응으로서 표 8에 원자력 발전소를 보유하는 주된 9개국에 대해 적는다. 가동 중 발전기수, 발전량의 비율, 이번 사고로 발표된 각국 수뇌의 논평 보도기사를 통해 인용한다.

그림 13 일본의 지진재해 대응조직(4월)

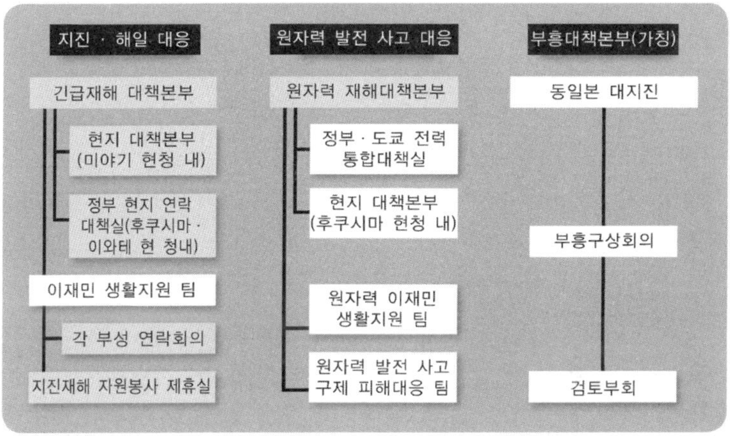

일본 정부의 대응으로서 3월 11일 14 : 46 대지진 발생과 함께 14 : 50 관저 대책실 설치, 15 : 00 긴급 참집 팀 협의 개시, 15 : 14 긴급재해 대책본부 설치(본부장 : 간 나오토 총리대신), 15 : 37 제1회 대책본부에서 '재해응급대책에 관한 기본방침'을 책정, 3월 24일까지 13회 개최되었다.

표 9 동일본 대지진 부흥 구상회의에 있어서의 '부흥 구상 7원칙'

원칙1	없어진 엄청난 '생명'에의 추도와 일본 신도의 의례야말로 살아남은 사람에게 있어 부흥의 기점이다. 이 관점으로부터 의례의 숲이나 대지진의 기록을 영원히 남겨, 학술 관계자에 의해 과학적으로 광의적으로 분석하도록 함으로써 그 교훈을 차세대에게 전승해 국내외에 발신한다.
원칙2	재해지의 광역성 · 다양성을 고려하면서 지역 커뮤니티 주체의 부흥을 기본으로 한다. 국가는 복흥의 전체 방침과 제도 설계에 의해 그것을 지지한다.
원칙3	재해를 당한 동북지역의 재생을 위해 잠재력을 살려 기술혁신을 수반하는 복구 · 부흥을 목표로 한다. 이 땅에 와야 할 시대를 선도하는 경제사회의 가능성을 추구한다.
원칙4	지역사회의 강한 정을 지키면서 재해에 강한 안전 · 안심의 기다려 자연에너지 활용형 지역의 건설을 진행시킨다.
원칙5	재해지역의 부흥 없이 일본 경제의 재생은 없다. 또한 일본 경제의 재생 없이 재해지역의 진정한 부흥은 없다. 이러한 인식에서 대지진으로부터의 부흥과 일본 재생의 동시 진행을 목표로 한다.
원칙6	원자력 발전 사고의 조기수습을 요구하면서 원자력 발전 재해지에의 지원과 부흥을 위해 보다 빨리 결정하고 최대한의 배려를 다한다.
원칙7	지금을 사는 우리 모두가 이 대재해를 스스로의 일이라고 받아들여 국민 전체의 연대와 분담하여 부흥을 추진하는 것으로 한다.

○ 4월 27일(수)중앙방재회의 개최
중앙방재회의는 '재해대책 기본법 제11조'에 의해 내각부에 설치되어 있다. 27일 개최의 회의에서는 이번 지진 · 해일 피해의 상황에 대해 파악 · 분석 후 지진동 추정 · 피해 상정한 본연의 자세나 지진 · 해일대책 등의 본연의 자세 및 방향성을 검토해, 향후의 '방재 기본계획의 재검토 방침'과 '해구형 대규모 지진의 검토 방침' 등을 올해 정리하게 되었다.
○ 5월 10일(화) 동일본 대지진 부흥 구상회의에서는 부흥 구상 7원칙(표 9)이 결정되었다.

그림 14 인적 피해

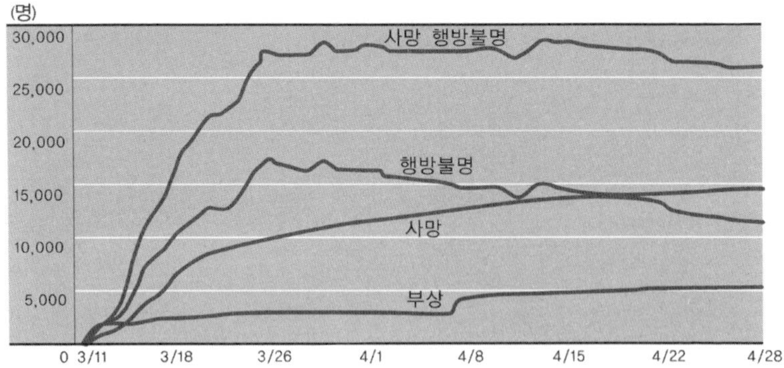

1. 인적 피해(경찰청) (4/25시점)
   - 사망 ························ 14,340명
   - 행방불명 ················· 11,889명
   - 위험 주택 ··············· 13 도도부현
   - 위험 판정 ··············· 10,702건

   ································

   (한신 · 아와지 대지진 6,476건)

   * 일례로서 나토리 시 유리아게 지구의 경우, 지진에 의한 정전으로 방재 무선이 통하지 않고 해일에 대해 알고 있는 주민은 텔레비전으로 10%, 라디오방송으로 40%였다. 그 때문에 주민의 50%가 해일이 오는 일을 알지 못하고 피난이 늦어 다수가 죽었다고 생각된다.

2. 건축물 피해(경찰청) (5/9시점)
   - 전괴 ························ 83,591호
   - 반괴 ························ 31,435호
   - 전반소 ····················· 260호
   - 마루 위아래 침수 ··· 8,852호
   - 일부 파괴 ··············· 269,807호

3. 피난자(3/25시점)

   ································ 245,394명

4. 각 부처의 활동상황(경찰청) (3/25시점)

   (1) 경찰청
   - 광역 긴급 원조대(활동중) ··· 2,754명
   - 광역 긴급 원조대(누계) ··· 8,471명
   - 항공기(헬리콥터) ···· 14기 파견

   (2) 소방청
   - 긴급 소방 원조대 열매 파견 부대(활동중) ························ 745대, 2,935명
   - 긴급 소방 원조대 열매 파견 부대(누계) ············· 약 4,600대, 약 18,800명

   (3) 해상보안청
   - 순시 선정 등 ······················ 54척
   - 항공기 ································ 19기
   - 그 외, 특수 구난대 등에서 대응

   (4) 방위성

   약 105,600명의 파견 규모
   - 육상 자위대 ········ 약 69,000명
   - 해상 자위대 ········· 약 15,300명
   - 항공 자위대 ········· 약 21,300명

   (5) 후생노동성
   - 의사 등의 파견 ·············· 109팀
   - 보건사 파견 ···················· 105팀

5. 긴급 지원(3/25 8시 시점)

(1) 식량 등

빵 …………………………… 313만식

면 …………………………… 113만식

주먹밥 ……………………… 153만식

정미 ………………………… 200만식

통조림 ……………………… 118만식

음료수 ……………………… 370만개

(2) 생활용품

화장지 ……………………… 30만 개

기저귀 ……………………… 20만매

약 …………………………… 18만 상자

마스크 ……………………… 171만매

(3) 연료 ……………… 867만 리터

6. 해외 지원의 수락 상황(3/25시점)

(1) 주일미군에 의한 협력

- 항공 모함 · 함선 …………… 14척
- 항공기 ………………………… 107기
- 인원 ………………… 약 20,000명

(2) 외국에 의한 지원

- 해외 지원

………… 132개국 · 지역 및 34국제 기관이 지원을 표명

- 원조대

……… 16개국 · 지역으로부터 수락 (현재 2개국이) 활동중

- 원조물자

……… 20개국 · 지역으로부터 수락

7. 재해 폐기물의 양(환경성) (4월 초순 시점)

재해 한 도호쿠 3현에서 나오는 재해 폐기물의 양은 한신 · 아와지 대지진의 1.7배

- 이와테 현 ……………… 약 600만t
- 미야기 현 …………… 약 1,600만t
- 후쿠시마 현 …………… 약 290만t

합계 …………… 약 2,490만t(추계량)

(참고 : 1995년의 한신 · 아와지 대지진으로 발생한 재해 폐기물은 약 1,450만t, 처리비용은 약 3,400억엔)

그림 15 동일본과 한신·아와지 대지진에 있어서의 라이프라인 복구과정 비교

(경제 산업성, 후생노동성, 일본 가스협회, NTT동일본 등 보도발표 자료에 의해 오지마 토시오 연구실 작성)

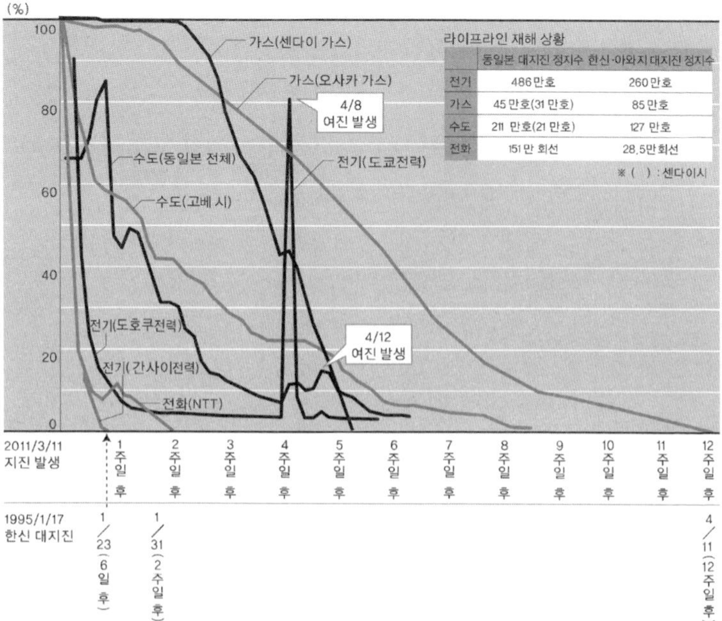

그림 16 동일본에 있어서의 라이프라인 복구과정(7일간 상황)

(경제 산업성, 후생노동성, 일본 가스협회, NTT동일본 등 보도발표 자료에 의해 작성)

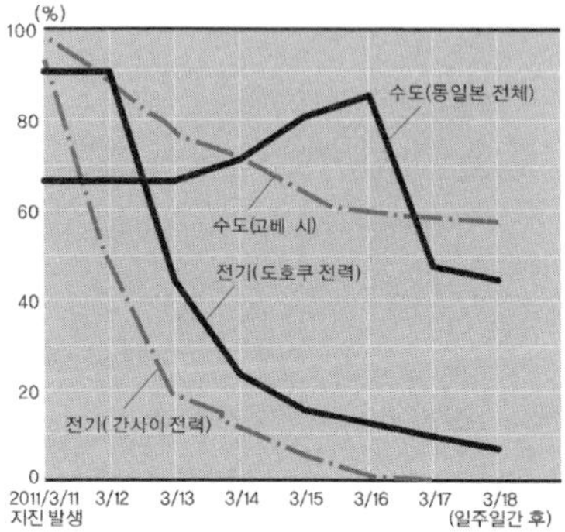

	전기	수도
정지수(전체)	486(만호)	211(만호)
3월 11일	440	140
3월 12일	215	140
3월 13일	114	140
3월 14일	76	150
3월 15일	61	170
3월 16일	47	180
3월 17일	34	100
3월 18일	28	94

그림 17 이재민 생활 재건 지원금의 재원과 골조

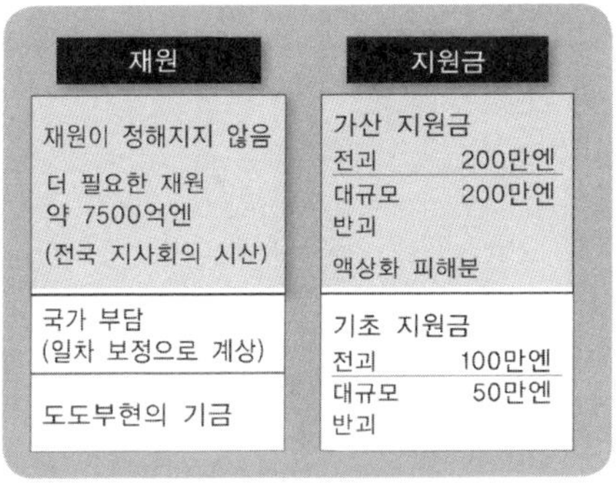

일부의 지자체는 이미 있는 재원으로부터 가산 지원금도 지급 개시. 전괴 · 대규모반괴의 대상은 2명 이상 세대

2011년도 제1차 보정예산

······················· 5월 2일 4조 153억엔

(1995년도 한신 · 아와지 대지진 직후의 보정예산 약 1조엔)

1. 재해 구조 등 관계 경비ㅊ

   ······························ 4,829억엔

   응급 가설주택의 공여 등 10만호

   ······························ 3,626억엔

   유족에게로의 조위금 · 이재민에게로의 장해 위문금

   ······························ 485억엔

   재해 원조금의 대출 ·············· 350억엔

   생활복지자금의 대출 ············ 257억엔

   이재민 긴급지원 ······················ 112억엔

2. 재해폐기물 처리사업비(재 폐기물 등의 처리)

   ······························ 3,519억엔

3. 재해 대응 공공사업 관계비

   ······························

   1조 2,019억엔(공항 273, 토목 8,235)

4. 시설피해복구비 등(학교시설 외)

   ······························ 4,160억엔

5. 재해관련 융자관계 경비

   ······························ 6,407억엔

6. 지방교부세 교부금

   ······························ 1,200억엔

7. 그 외 동일본 대지진 관계 경비(자위대 외 활동비)

   ······························

   8,018억엔(자위대외 2,593)

가설 주택

10만호, 고용 5만 명의 생활지원 관계

주택재건 지원의 재원 부족(그림 16 참조)

4월 20일 3현의 피난자 13만 명 중 11만 명

원자력 발전 배상금 예측 = 총액 4조엔(5월 2일 시점안)

도쿄전력 2조엔

전력요금 16% up

닛케이 평균주가의 추이

10,600엔 전후로부터 8,600엔과 2,000엔 하락했지만 1주간에 9,500엔, 게다가 2개월 후에 10,000엔으로 회복한다.

일본의 10년 국채 이율

1.30%로부터 1.20%까지 하락했지만 20일 후에는 1.28%에 회복. 재해규모가 40조엔 이상이 되어 신규 국채를 발행한다. 만일 전액 국채에 의존하더라도 642조엔의 잔고를 고려할 때, 재정위기의 가능성을 높이지만은 않는다는 판단이다.

재해 직후의 엔고, 환율

3.11의 1달러 83엔에 대해 1주일 후 79엔에 이르렀지만 4월 1일에는 83엔을 회복, 그 후는 재해 이전과 같은 80~83엔을 전후하고 있다.

동일본 대지진의 의연금

3/11→ 4/7 1,300억엔 이상(한신 대지진은 5년간에 1,800억엔)4/8에 정부보다 '의연금 배분비율 결정위원회'가 설치되어 이하로 결정.

제 1 차 배분기준으로서

사망 · 행방불명자 … 1 인당 35만엔
주택 전괴 · 전소 …· 1호당 35만엔
주택반괴 · 반소 …… 1호당 18만엔
원자력 발전 피난 지시 · 옥내 대피 지시권
……………………………… 1세대 정답 35만엔

이번, 일본 적십자사와 공동 모금회분, 제 1 차 배분에 대해 약 500억엔이 15도도부 현에 배분된 후 배분내용과 방법이 결정되어 시읍면을 통해서 이재민에게 지급된다.

그 밖에 도도부 현에 직접 전해진 의연금은 별도 후쿠시마 현에서는 4월 15일에 약 31억엔 있어 독자적인 배분(전괴 · 반괴 · 원자력 발전으로부터 30km권내의 세대에 5만엔)을 나타낸다.

맺음말

오지마 토시오(아시아 도시환경학회장 와세다 대학 명예교수)

이 책은 정부 간행물 아니라 이번 국난에 직면한 지식인의 저자(문책) 출판으로서 4장으로 구성되어 있다.

1장은 요미우리 신문사의 협력을 얻어, 동일본 대지진의 실체와 실상을 가능한 한 정확하게 그림이나 사진을 바탕으로 중앙공론신사가 편집했다.

2장은 "부흥 구상"이라는 제목으로, 한신 대지진의 정부 부흥위원회 구성원이며 중앙방재 회의의 좌장이었던 이토 시게루 씨가 책임 편집했다.

3장, 4장, 부칙 표는 동일본 대지진이라는 사상 초유의 천재(天災)와 인재(人災)로부터 수도 도쿄가 입은 충격에 대해 말하고, 동시에 일본을 전망하며 각 분야 지식인의 생각을 서명으로 부탁하였다. 또한 이 문서에 공통으로 사용된 자료를 부표로 첨부하여 3장은 다카하시 준 지로 씨에게 부탁하려 했으나 몸 상태가 좋지 않아 오지마가 책임 편집했다.

본서의 출간에 이르기까지의 경과를 축약하면, 3월 11일에 재해가 발생하자마자 "2010년 11월, 센다이에서 아시아 도시환경학회 국제회의 후 마츠시마, 이시노마키, 게센누마를 견학했다.

3월 11일에 재해가 발생하자마자 그때 참가했던 한국, 대만, 중국 회원으로부터 지원금과 안부 메일이 쏟아지듯 밀려왔다. 3월 21일 이들에 대한 감사의 마음을 담아 도시환경학회 홈페이지에 복구 · 부흥에 대한 긴급제안을 게재했는데, 다음날 중앙공론신사 세키 토모요시 편집부장으로부터 단행본 출판의 의도에 대해 문의가 있었다. 3월 28일에는 국가 전략실에서 부흥원에 관한 의견을 요구받았고, 다음 29일에는 국제 문화회관에서 영어와 중국어 버전의 정보발신의 필요성에 대해 들었다. 3월 31일에 국가 전략실의 분들과 지식인들로부터 정확한 정보 공개의 필요성을 확인하였다. 옛날의 대본영역자주)전시에 천황에 직속되었던 육해군 최고 통수부의 보고 같은 정보발신은 국내외의 불신을 초래할 수 있다. 특히 해외에는 정부 간행물과는 별도로 지식인에 의한 출판이 필요할 것이다. 같은 맥락으로 국제개발센터 회장의 시나가와 마사지 씨에 의해 일본의 지식인이 대형 참사를 맞이하여 무엇을 생각하고 어떤 행동을 하고 있는지 해외에 알려야 한다는 의견이 있었다. 4월 5일에 내각 관방 참여인 이가라시 씨로부터 정부 민간의 시각적 엇갈림을 통감하고 있는 것이나, 일본 정부의 Public Commitment와 Spokesman의 내용에 문제가있다고 들었다. 이에 4월 15일, 세키 토모요시 씨와 함께 이토 씨의 사무소를 방문해 중앙공론신사에서 하드커버(보존판)로 6월 중 출판을 하기로 결정하였다.

이후에도 신문 · 잡지 · TV · 라디오 · 인터넷뿐만 아니라 유언비어 등에 의해 제공되는 거대한 정보들 속에서 우리는 장님이 코끼리 만지는 것과 같은 입장에 놓여졌다. 그러나 이 대형 참사를 잊지 않도록 조금이라도 정확하게 시민의 시선으로 파악한 실상을 공개하고 말로 전하는 것이 그나마 피해자에 보답하고 향후 일본 재건에 기여하는 길이라고 생각했다.

해외의 친구들로부터 긴급 출판의 필요성에 가능한 한 영어 · 중국어 · 한국어 등으로의 번역 출판의 요구가 이어졌고, 이에 긴급을 요하여 이토 시게루 씨와 생각이 일치하여 이 책이 출판되게 되었다.

마지막으로, 긴급한 원고 요청에도 바쁜 일을 제쳐두고 흔쾌히 받아들여준 저자들과 한정된 지면에 기재하여 약속한 6월에 출판하게 해주신 사이토 도모코 씨에게 감사하면서, 재해가 발생한 지 이미 3개월이 지난 지금—지금도 피난생활을 하는 분들의 고초를 생각하면서 일본의 재생을 맹세한다.

간행에 부쳐

다카하시 준 지로(게이오 대학 명예교수)

1923년(다이쇼 12년) 관동 대지진은 에도의 토지분할과 경관을 계승한 메이지 도쿄에 종지부를 찍고, 쇼와 근대도시 도쿄 발전의 계기가 되었다.

마찬가지로, 이번 동일본 대지진이 일본의 20세기에서 21세기형 사회로의 전환을 위한 계기가 될 것이 틀림없다. 국토의 근간을 이루는 교통 · 통신 기반에서 물 · 에너지 등 라이프 라인, 산업활동, 도시 · 마을의 존재방법, 자연과 인공의 균형 또한 기업, 정부, NP(G) O 의 기능분담까지, 이 전환은 광범위하게 다방면에 걸쳐진다. 한편, 하루라도 빨리 피해지역의 복구가 기대됨과 동시에 부흥과 재생사업은 졸속을 자제하여 차라리 "장기간"을 각오해야 할 것이다.

실제로 21세기 중반의 일본의 인구, 인구구조와 분포는 급격히 변화하고 이에 따라 사람들의 욕구와 라이프스타일도 현재와는 전혀 다르게 될 것이다. 부흥 · 재생 구상의 책정에 있어서 무엇보다도 중요한 것은 이 변화에 대응하는 것, 즉 유연한 가치관과 풍부한 상상력임을 재인식해야 할 것이다.

동시에 인식해야 할 것은 부흥 · 재생의 주체, 즉 만들고 짊어져야 할 곳은 어디까지나 지역주민과 지방자치단체이며, 국가의 행정담당자, 대학 및 연구기관의 전문가들은 그 지원은 할 수 있지만 주체는 될 수는 없는 것이다. "주민 갱신"을 고려한 새로운 주민의 역량을 발휘할 것이 요구된다.

편집 후기

홍원화(경북대학교 건축 · 토목공학과 교수)

지구촌이 대규모 자연재해로 몸살을 겪고 있다. 최근 몇 십 년간 지진, 화산폭발, 해일 및 쓰나미 등 광역 범위의 자연재해가 빈번하게 발생하여 우리 모두에게 엄청난 충격과 아픔을 안겨주었다. 재해가 지나간 곳은 그야말로 아비규환(阿鼻叫喚)의 현장이며 가슴이 먹먹해지는 현실의 풍경이었다. 자연 앞에 우리가 얼마나 나약한 존재임을 실감하게 한다.

인간의 한계를 넘어선 재앙으로 경험되는 이러한 자연재해들은 지각변동의 순환주기 또는 지구 온난화에 의한 이상기후 현상과 밀접한 관련이 있다고 할 수 있다. 또는 '가이아 이론'으로 유명한 영국의 과학자 제임즈 러브록이 이야기한 것처럼 인간의 교만에 대한 자연의 울부짖음이기도 하다.

2011년 3월 일본 동북지방에서 진도9의 강진과 쓰나미로 인해 삽시간에 삶의 터전이 아수라장이 되었고, 무수한 인명이 목숨을 빼앗겼다. 자연재해는 비단 일본만의 문제가 아니다. 2011년 올 한 해에만, 미국에서는 600여 회의 토네이도와 95년만의 가뭄이 닥쳤고, 브라질과 중국에서는 대규모 홍수와 가뭄이 반복적으로 일어났다. 일본의 도쿄와 비슷한 한국의 서울과 수도권에도 올 여름 기록적인 집중호우로 인한 침수, 정전, 붕괴사고로 도심지 곳곳에서 인명피해가 발생하였고 많은 상처가 남았다. 이처럼 세계를 놀라게 하는 대형 자연재해가 일상화되고 있다. 자연재해가 경제와 사회에 미치는 영향이 더욱 커지고 있으며, 재해의 경제학은 세계의 화두가 되고 있다. 심지어 주거지에 대한 전통적인 가치관과 생활패턴 변화에도 영향을 주고 있다. 재해의 위험성은 느끼지 못하고 있을 뿐, 늘 우리 곁에 가까이 있다. 인구가 밀집되어 있는 대도시와 이곳에 정착하고 있는 수많은 인명의 안전이 지속적으로 위협받고 있음을 직시해야 할 것이다. 본 저서에 기술되어 있는 바와 같이 남은 여진과 예측할 수 없는 재해에 대처하기 위한 기본적인 지역 공동체와 도시구조를 재정비할 필요가 있다. 본 저서는 지진과 해일로 어려움을 겪고 있는 동북 일본뿐 아니라 재난을 당할 가능성이 있는, 특히 인구가 밀집되어 있으며 산업 · 경제 부분에서 많은 발전을 이루어 피해가 심각해질 우려가 있는 지역에 투영해보아도 무방할 것이다.

건축 및 도시방재에 대해 연구하는 전문가들은 더 이상 재해가 건물에 국한되지 않는다는 것을 잘 알고 있다. 최근에 일어나는 많은 사건들이 하나의 건축물이 아니라 넓은 지역에 걸쳐 나타나기 때문이다. 그리고 많은 인명피해와 재산피해를 가져오는 재해들은 무분별한 에너지 소비패턴에 의한 기후 변화와 지구 온난화에 기초하고 있음은 자명하다. 마지막으로 건설계획에서는 이러한 외기조건을 재조명하여 구조와 설비에 전력을 다하여 각 분야의 유기적인 관계가 이루어져야 할 것이다.

끝으로 어려운 상황에도 출판을 위하여 노력해준 분들에게 감사함을 전하며, 재난을 당한 일본의 친우들에게 힘든 상황이지만 곧 재계할 수 있으리라 믿음을 가지고 빠른 회복을 바라는 바이다. 그리고 2010년 가을에 방문하였던 센다이 시(市)를 포함한 동북 일본의 그 아름다운 모습을 하루 빨리 되찾기를.

감수

이토 시게루(伊藤滋)

1931년 도쿄 출생
와세다 대학 특명교수, (재)도시 방재연구소 회장
도쿄 대학 명예교수(현)
게이오 대학 교수, 와세다 대학 교수, 국사심의회
도시계획 중앙심의회위원, 도시계획가협회 회장
일본 학술회의 회원, 한신 · 아와지 부흥위원회 위원 등(역임)

오지마 토시오(尾島俊雄)

1937년 도야마 현 출생
와세다 대학 명예교수, (사)도시 환경에너지협회 이사장
(재) 건축보전센터 이사장
아시아 도시환경학회장, 일본 경관학회 회장(현직)
도쿄 대학 객원교수, 일본건축학회 회장, 와세다 대학 이공학부장
일본 학술회의 회원 등(역임)

역자 홍원화(洪元和)

1963년 경북예천 출생
경북대학교 건축학부 교수, 재단법인 한국연구재단 공학단장
국가지속가능발전위원회 에너지산업전문위원회 위원
대구녹색성장포럼 위원회 위원
(사)한국공학교육인증원 공학인증기준위원회 위원

동일본 대지진 이후의 日本再生

2011년 8월 25일 1판 1쇄 인쇄
2011년 8월 30일 1판 1쇄 발행

감 수 | 이토 시게루 오지마 토시오
역 자 | 홍 원 화
협 찬 | NPO AIUE(아시아 도시환경학회)
http://www.npo-aiue.org

발 행 인 | 강 해 작
발 행 처 | 기 문 당
주 소 | 서울시 성동구 무학봉 28길 4-1
(왕십리동 966-22)
전 화 | 02)2295-6171(代)~5
팩 스 | 02)2296-8188
출판등록 | 1976. 10. 7(1-44)
홈페이지 | http://기문당
http://www.kimoondang.com
I S B N | 978-89-6225-353-5 93540

정가 | 13,000원

본서는 2011년 6월에 중앙공론 신사에서 간행된 일본어판을 번역한 것입니다.